KB044390

2010~2013년 IESO-KESO

지구과학

기출 및 응용 문제

한국지구과학회

북스힐

2010 ~ 2013년 IESO-KESO

지구과학 기출 및 응용 문제

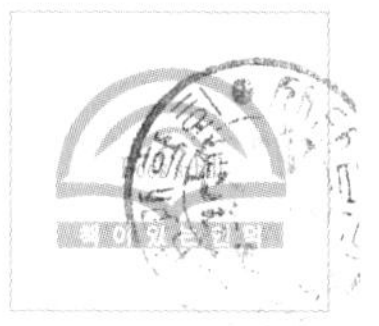

편저자 • 한국지구과학회
발행자 • 조 승 식
발행처 • (주) 도서출판 북스힐
등　록 • 제 22-457 호
주　소 • 서울시 강북구 한천로 153길 17
www.bookshill.com
E-mail • bookswin@unitel.co.kr
전　화 • (02) 994-0071(代)
팩　스 • (02) 994-0073

2014년 2월 1일 1판 1쇄 인쇄
2014년 2월 10일 1판 1쇄 발행

값 11,000원

ISBN 978-89-5526-881-2

· 차례 ·

1. IESO

2. KESO

2010~2013년 IESO-KESO 지구과학 기출 및 응용 문제

국 제 지 구 과 학 올 림 피 아 드

IESO

- 고체 지구과학
- 유체 지구과학
- 행성 지구과학

국제지구과학올림피아드(IESO)

고체 지구과학 지권 분야 기출문제

1. 광물과 조흔색이 바르게 된 것은?

   a) 적철석－적색, 남동석－청색, 공작석－녹색, 고령토－흰색, 침철석－오렌지색, 자철석－검정색
   b) 적철석－적색, 남동석－청색, 공작석－녹색, 고령토－오렌지색, 침철석－흰색, 자철석－검정색
   c) 적철석－검정색, 남동석－청색, 공작석－녹색, 고령토－흰색, 침철석－적색, 자철석－오렌지색
   d) 적철석－적색, 남동석－청색, 공작석－녹색, 고령토－오렌지색, 침철석－검정색, 자철석－흰색

2. 심성암인 화강암이 석회암과 사암으로 구성된 퇴적층을 관입하였다. 어떤 변성암이 형성되는가?

   a) 대리암과 규암
   b) 편암과 대리암
   c) 편암과 편마암
   d) 규암과 편마암

3. 제시된 한 쌍의 광물이 동일한 화성암에서 발견될 수 없는 것은?

   a) 감람석－휘석
   b) 감람석－석영
   c) 흑운모－석영
   d) 사장석－휘석

4. 다음 중에서 화산 분출의 전조 현상(미리 나타나는 현상)을 모두 고르면?

Ⅰ. 홍수	Ⅱ. 지진 활동의 이상(Anomalous seismicity)
Ⅲ. 폭우	Ⅳ. 분출 가스의 화학 조성의 변화와 온도의 증가
Ⅴ. 폭풍	Ⅵ. 지면의 부풀어 오름

a) Ⅰ, Ⅱ, Ⅳ　　b) Ⅱ, Ⅳ, Ⅵ
c) Ⅱ　　d) 모두

5. 퇴적물의 기원지로부터 거리가 멀어짐에 따라 증가하지 않는 퇴적학적 특징은 무엇인가?

Ⅰ. 입자의 크기	Ⅱ. 원마도	Ⅲ. 장석에 대한 석영의 비

a) Ⅰ　　b) Ⅱ
c) Ⅲ　　d) Ⅱ와 Ⅲ

6. 다음 광물 중 용액의 이산화탄소 함량에 따라 침전이 결정되는 것은?

a) 암염　　b) 석고
c) 인회석　　d) 방해석

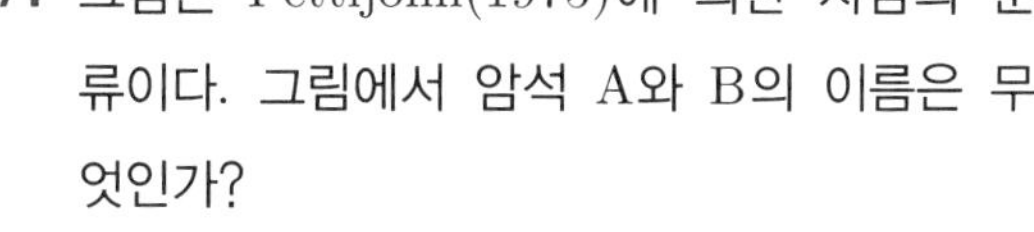
7. 그림은 Pettijohn(1975)에 의한 사암의 분류이다. 그림에서 암석 A와 B의 이름은 무엇인가?

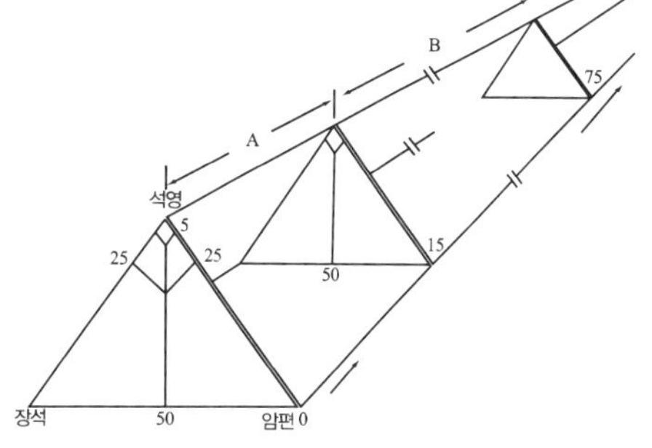

a) 석영아레나이트 – 이암
b) 이암 – 그레이와케
c) 아레나이트 – 와케
d) 그레이와케 – 석영아레나이트

8. 보엔반응계열에서 맨 나중에 형성된 광물은?

a) 감람석　　b) 석영　　c) 정장석
d) 흑운모　　e) 휘석

9. 다음 중 알루미늄(Al)이 포착된 광상은?

a) 보크사이트　　b) 니켈광　　c) 황철석
d) 휘동광　　e) 황동석

10. 주향 이동단층에 대한 다음의 진술 중 가장 옳은 것은?

a) 주향 이동단층을 따라 활성 구간과 비활성 구간이 나타날 수 있다.
b) 주향 이동단층들은 주향을 따라 정단층으로부터 역단층으로 바뀐다.
c) 주향 이동단층들은 중앙 해령과 관련이 있다.
d) a와 c 모두가 옳다.

11. 지각 평형모델은 대부분의 산맥 아래의 두꺼운 뿌리(지각)의 존재를 설명한다. 이러한 뿌리의 두께는 ___________에 좌우된다.

a) 산맥의 평균 암석 밀도(A)　　b) 산맥의 고도(B)
c) a와 b 모두 아님　　d) a와 b 모두 해당

12. 다각형 구조는 여러 지질구조에서 발견된다. 다각형 구조를 나타내는 것을 모두 고르시오.

Ⅰ. 화성암의 주상절리	Ⅱ. 건열
Ⅲ. 다각형의 구조토	Ⅳ. 변성작용 동안에 어떤 광물의 재결정 작용

a) Ⅰ, Ⅱ　　b) Ⅱ, Ⅳ
c) Ⅰ, Ⅱ, Ⅲ　　d) Ⅰ, Ⅱ, Ⅲ, Ⅳ

13. 스트로마톨라이트는?

a) 지구에서 판구조 발달의 초기 단계에 관련이 있다.
b) 시아노박테리아(남조류)의 활동에 관련이 있다.
c) 따뜻하고 깨끗한 천해를 지시하는 동물로 간빙기 동안에 발달한다.
d) 지각 변동과 관련이 있다.

14. 어떤 유형의 단층이 북쪽 블록의 A, B층과 남쪽 블록의 A, B층 사이의 접촉면을 변위시켰는가? (북쪽 블록에서 남쪽 블록으로 이동하면서 지층의 경사가 변화되었음을 주목하라. 주향 이동단층의 증거는 나타나지 않았다.)

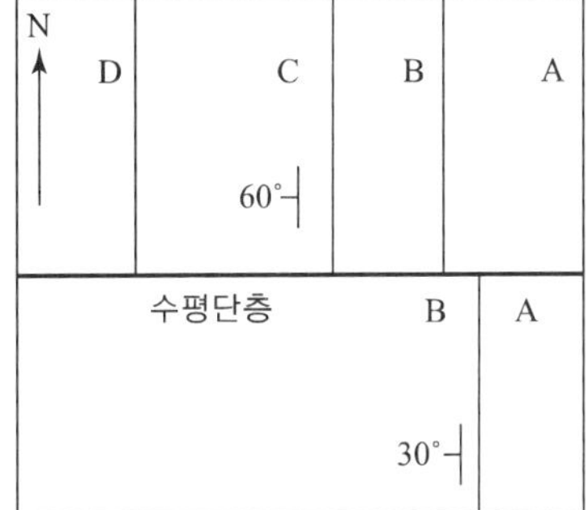

a) 좌수향 주향 이동단층

b) 역단층

c) 정단층

d) 회전단층, 경사 이동단층

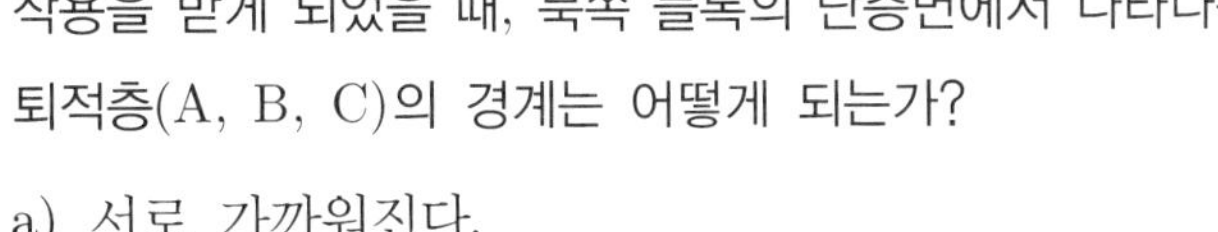

15. 오른쪽 그림의 M, Z, P, A, B, C는 퇴적층이며 역단층 작용을 받게 되었을 때, 북쪽 블록의 단층면에서 나타나는 퇴적층(A, B, C)의 경계는 어떻게 되는가?

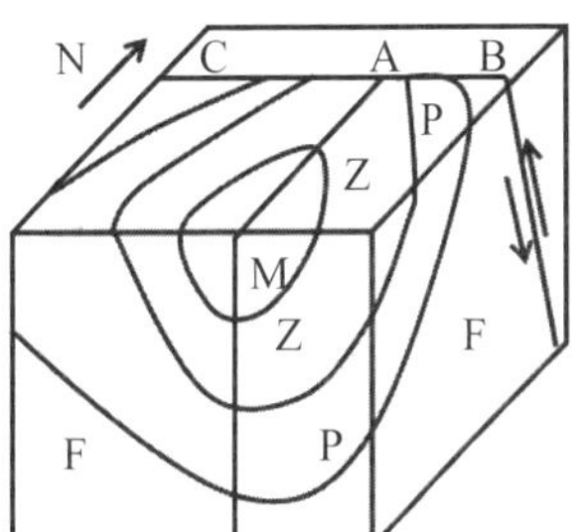

a) 서로 가까워진다.

b) 서로 멀어진다.

c) 변화 없다.

d) 왼쪽으로 이동한다.

16. 해백합은 어느 분류군에 속하는가?

a) 조류 b) 이매패

c) 산호 d) 극피동물

17. 그림과 같은 지형을 무엇이라고 하는가?

a) 화산굴뚝

b) 운석 충돌흔적

c) 낙석

d) 돌리네(싱크홀)

18. 다음 중에서 석유 저장의 가능성이 가장 큰 지질학적 구조는?

a) 심해 해구
b) 심해저 평원
c) 중앙 해령
d) 비활성 대륙 연변부(Passive continental margin)

19. 서로 다른 점성도를 가진 두 유형의 물질을 비교할 때 고점성도의 물질은?

a) 더 쉽게 흐른다. b) 변형되기가 더 어렵다.
c) 변형되기가 더 쉽다. d) 덜 끈적거린다.

20. 아래 사진은 사층리 구조를 보여준다. 이 수직의 노두에서 가장 젊은 지층은 어디에 있는가?

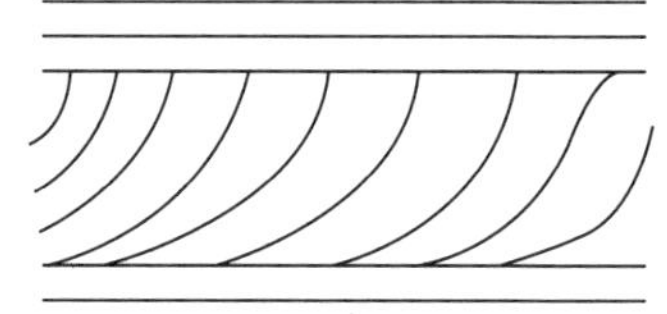

a) 최상부
b) 바닥
c) 최상부 오른쪽
d) 바닥 왼쪽

21. 세 종류의 암석 A, B, C가 있다. 이 중 두 종류는 현무암과 석회암이다. 만일 세 암석의 형성 온도가 TA > TB > TC라고 할 때 옳게 설명된 것은?

a) A암석은 석회암이다. b) B암석은 편암이다.
c) B암석은 증발암이다. d) C암석은 현무암이다.

22. 다음 지질 단면도에서 절대 연대를 결정하는 데 이용되는 것은 어느 것인가? (단, 역전된 층은 없다.)

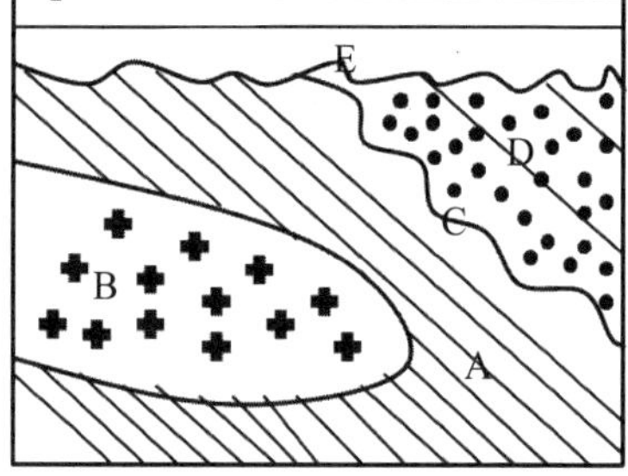

a) A b) B
c) C d) D
e) E f) F

23. 고수류 분석에 사용할 수 있는 퇴적구조를 모두 고르시오.

Ⅰ. 점이층리	Ⅱ. 사층리
Ⅲ. 건조성 건열	Ⅳ. 연흔

a) Ⅰ, Ⅱ　　　　b) Ⅰ, Ⅲ

c) Ⅲ, Ⅳ　　　　d) Ⅱ, Ⅳ

24. 다음은 암석의 순환을 나타내는 모식도이다. a에 해당하는 과정의 이름은?

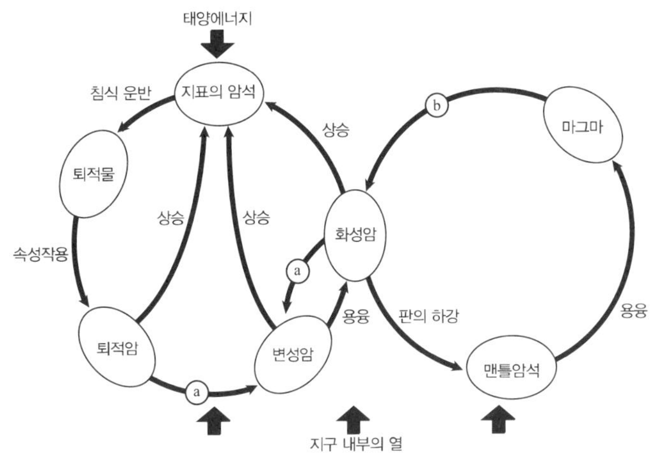

a) 고화작용　　　　b) 변성작용

c) 운반　　　　d) 지진

25. 2011년 3월 11일 규모 9.0의 큰 지진이 일본의 태평양 연안에서 발생하였다. 그림에서 둥근 원은 진앙 위치를, 진한 선은 판 경계를 나타낸다. 진앙 부근의 판 경계는 어떤 유형의 판 경계에 해당되며, 지진발생시 어떤 단층이 발생하는가?

a) 발산 경계 - 정단층　　　　b) 수렴 경계 - 주향 이동단층

c) 수렴 경계 - 역단층　　　　d) 수렴 경계 - 정단층

[26～27] 다음 그림은 호수 퇴적층을 보여준다. 물음에 답하라.

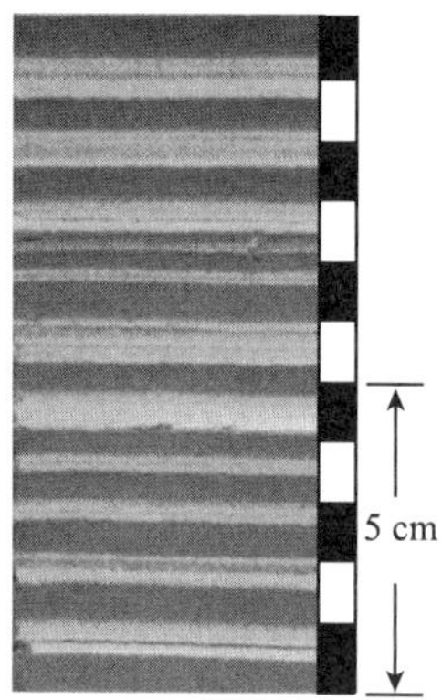

26. 물의 순환의 관점에서 밝은 층과 어두운 층의 형성에 대한 설명이 옳은 것은?

> Ⅰ. 밝은 층은 물의 순환이 좋을 때 퇴적되었고, 유기물이 산화되었다.
> Ⅱ. 어두운 층은 물의 순환이 좋을 때 퇴적되었고, 유기물이 산화되었다.
> Ⅲ. 어두운 층은 물의 순환이 좋지 않았을 때 퇴적되었고, 유기물이 산화되지 않았다.
> Ⅳ. 밝은 층은 물의 순환이 좋지 않았을 때 퇴적되었고, 유기물이 산화되지 않았다.

a) Ⅰ, Ⅱ　　b) Ⅰ, Ⅲ　　c) Ⅱ, Ⅳ　　d) Ⅲ, Ⅳ

27. 어느 층에 조립질 입자가 많이 분포하겠는가?

a) 밝은 층　　b) 어두운 층
c) 두 층 모두　　d) 없음

28. 빙하 시추에 대한 연구는 과학자들이 기후 변화를 이해하고 미래의 기후를 예측하는 데 있어 어떻게 도움을 줄 수 있는가?

a) 기후 변화 사이클의 진폭과 주기에 대한 자료는 기후 변화의 주요 사이클을 예측하는 데 도움을 줄 수 있다.
b) 실제 시추 자료는 대기 기체와 에어로졸의 변화와 상관관계가 있다.
c) 실제 시추 자료는 평균적인 대기와 해양의 온도 변화와 상관관계가 있다.
d) 실제 시추 자료는 해수염분의 변화, 빙하기의 간격 등의 변화와 상관관계가 있다.
e) 위의 답변 모두가 해당한다.

29. 다음 중 지층 누중의 법칙을 설명한 것으로 가장 적절한 것은 무엇인가?

a) 아래에 놓인 지층이 위에 놓인 지층보다 오래된 것이다.
b) 아래에 놓인 지층이 위에 놓인 지층보다 젊다.
c) 지각변동으로 지층이 역전된 경우에 아래 놓인 지층이 위에 놓인 지층보다 오래된 것이다.
d) 지각변동으로 지층이 역전되지 않은 경우에 아래 놓인 지층이 위에 놓인 지층보다 오래된 것이다.
e) 지층은 화석의 내용에 의해 특징지어진다.

30. 어떤 사람이 주향 이동단층 선상에서 관찰할 때 단층의 왼쪽에 있는 괴(Block)가 관찰자 쪽으로 이동한 단층의 이름은?

a) 우수향 주향 이동단층
b) 좌수향 주향 이동단층
c) 정단층
d) 트러스트 단층
e) 경사단층

31. 다음 화석 중 석탄기와 페름기의 지층에서 관찰할 수 있는 것은?

a) 호모 에렉투스(Homo erectus)
b) 매스토돈트(Mastodonte)
c) 에오히푸스(Eohippus)
d) 화폐석(Nummulites)
e) 방추충(Fusulina)

32. 다음 중 모호로비치치 불연속면에서 나타나는 특징적인 변화는?

a) 지진파의 속도
b) 고온
c) 중력의 증가
d) 레일레이파의 감쇄
e) 고압

33. 초대륙 판게아가 곤드와나 대륙과 로라시아 대륙으로 분리된 시기는?

a) 실루리아기
b) 캄브리아기
c) 트라이아스기
d) 올리고세
e) 에오세

34. 아래 그림은 무척추 동물 화석을 나타낸 것이다. 화석 이름을 옳게 나타낸 것은?

(A) (B) (C)

a) (A) = 암모나이트 (B) = 블라스토이드 (C) = 삼엽충
b) (A) = 블라스토이드 (B) = 암모나이트 (C) = 삼엽충
c) (A) = 삼엽충 (B) = 암모나이트 (C) = 블라스토이드
d) (A) = 삼엽충 (B) = 블라스토이드 (C) = 암모나이트
e) (A) = 블라스토이드 (B) = 삼엽충 (C) = 암모나이트

35. 다음 중 산사태(landslide)에 해당하지 않는 것은?

a) 암석 낙하(Rockfall) b) 암설 낙하(Debris fall)
c) 침강 d) 사태
e) 이류

36. 다음 중 화석의 내용에 근거하여 퇴적암을 층서학적으로 연구하는 분야는?

a) 암석층서학 b) 시간층서학 c) 지질층서학
d) 생물층서학 e) 순차층서학

37. 다음 부정합 중 오래된 화성암 또는 변성암과 젊은 퇴적암 사이의 관계를 나타낸 것은?

a) 경사부정합 b) 난정합 c) 준정합
d) 결층 e) 평행부정합

38. 대륙 충돌로 히말라야 산맥이 형성되기 시작한 시기로 가장 적절한 것은?

a) 플라이스토세 b) 마이오세 c) 쥐라기
d) 에오세 e) 플라이오세

39. 다음 중 역암을 구성하는 입자에 대한 설명으로 옳은 것은?

a) 원마도가 좋은 2 mm 이상의 크기
b) 원마도가 좋은 2 mm 이하의 크기
c) 각이 진 2 mm 이하의 크기
d) 각이 진 2 mm 이상의 크기
e) 원마도가 좋거나 각이 진 입자로 SiO_2나 $CaCO_3$로 교결됨

40. 다음 지질 단면도에서 나타난 지질학적 사건들을 오래된 것부터 순서대로 나타낸 것은?

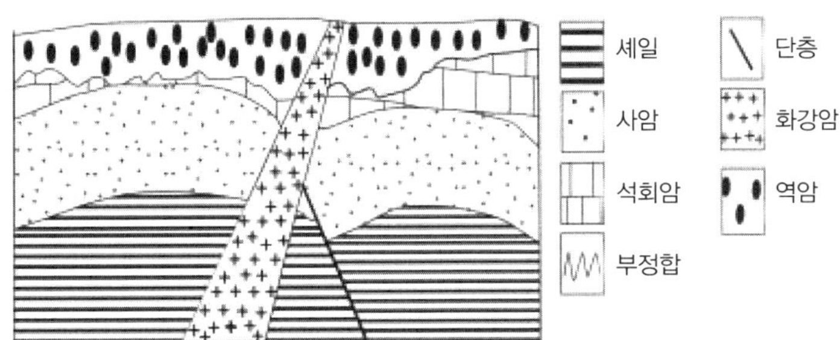

a) 역암 – 셰일 – 사암 – 석회암 – 부정합 – 단층 – 화강암
b) 화강암 – 단층 – 부정합 – 석회암 – 사암 – 셰일 – 역암
c) 셰일 – 화강암 – 사암 – 부정합 – 단층 – 석회암 – 역암
d) 셰일 – 사암 – 단층 – 석회암 – 부정합 – 역암 – 화강암
e) 셰일 – 단층 – 사암 – 석회암 – 부정합 – 역암 – 화강암

41. 석회암은 탄산염 광물로 구성된다. 석회암을 구성하는 가장 풍부한 탄산염 광물은 __________이다.

42. 화강암은 최소한 두 종류의 주요 광물로 구성된다. 이 두 종류의 광물 이름은 __________과 __________이다.

43. 다음 중 상반이 하반보다 아래로 내려가 있는 단층은?

a) 우수향 주향 이동단층
b) 좌수향 주향 이동단층
c) 정단층
d) 드러스트 단층
e) 변환단층

44. Ruddiman(2001)에 근거해서 보면, 전지구적인 온도변화는 서로 다른 작용에 의해 4개의 서로 다른 시간적 규모(Time scales)로 구분할 수 있다. 아래 그림을 보고 남극대륙 빙하의 시추 코어기록에서 하나 이상의 간빙기 동안의 온도 변화를 가장 잘 보여주는 것은?

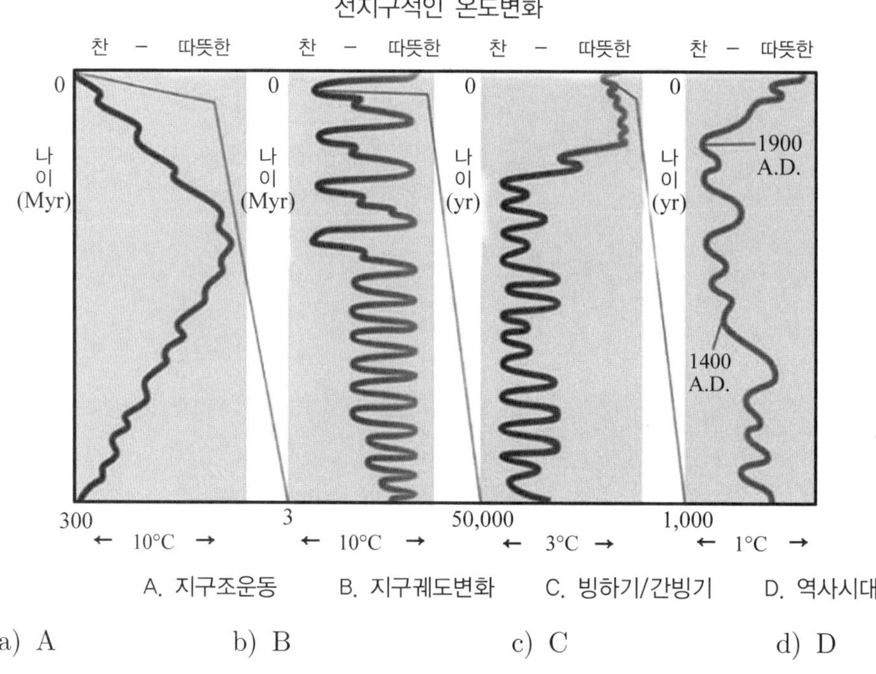

a) A　　b) B　　c) C　　d) D

45. 해저 시추와 지진파 분석에 의하면 지중해 해저 지층의 상당히 많은 지역에는 어떤 깊이에 두꺼운 암염층이 존재하고 있다. 이러한 관측으로부터 어떤 결론을 얻을 수 있는가?

a) 지중해는 아직 개발되지 않은 중요한 경제적인 가치가 있는 지역이다.
b) 지중해는 아주 건조했던 시기가 있었다.
c) 지중해는 매우 젊다.
d) 지중해는 테티스해의 잔유물이다.

46. 야외에서 3개의 변형되지 않은 수평층의 노두를 발견하였다. 하부층은 돌로마이트이고, 중간층은 현무암, 상부는 석회암층이다. 다음 중 어느 것이 현무암이 용암의 흐름이라는 결론에 도달할 수 있게 하는가?

a) 석회암층의 하부에서만 “열에 의해 구워진 증거(baking signs)”가 있다.
b) 돌로마이트층의 하부에서만 “열에 의해 구워진 증거”가 있다.

c) 돌로마이트층의 상부에서만 "열에 의해 구워진 증거"가 있다.

d) 위의 것 모두 해당한다.

47. 다음 중 어떤 물질의 순환이 석회암과 연관되어 있는가?

a) 인의 순환　　b) 탄소의 순환

c) 황의 순환　　d) 질소의 순환

48. 이태리 Gubbio 지역의 Bottaccione 협곡에 노두가 있다. 이 노두는 이리디움(iridium) 함량이 높아 지화학적으로 심한 이상현상을 보이는 얇은 점토층을 포함한다. 이 층의 절대 연대는 6,550만 년이다. 이 층은 다음 중 어느 지질시대의 경계에 해당하는가?

a) 백악기/제3기

b) 백악기 하부/백악기 상부

c) 팔레오세/에오세

d) 캄브리아기/선캄브리아기

49. 다음 지질도를 보고 물음에 답하시오.

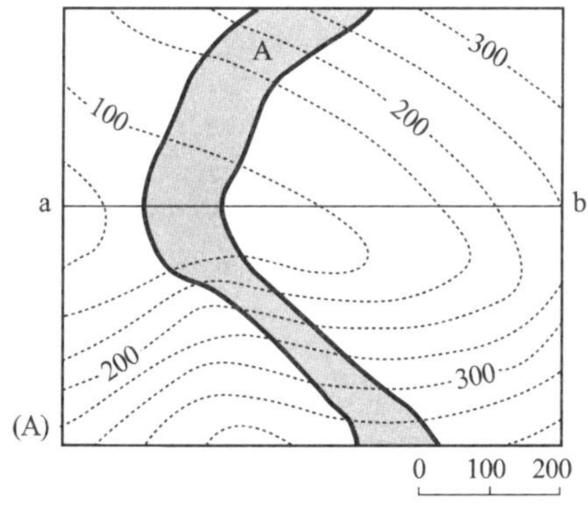

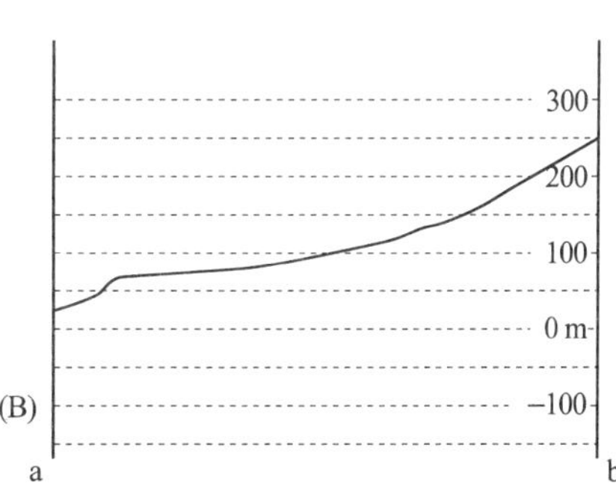

왼쪽은 지질도이고 북쪽은 지도의 상부 방향이다. 오른쪽은 단면 ab를 따라 그린 지형 단면도이다. 등고선의 단위는 m이다. 지질구조는 회색으로 표시되어 있다.

다음 표에 제시된 것 중 회색으로 제시한 지질구조의 주향, 경사, 층의 두께를 바르게 나타낸 것은 어느 것인가? 주향을 측정하는 방법은 Q로 표시한 사분법(quadrant method)과 A로 표시한 방위각(azimuth)이나 지자기 방법(magnetic bearing method) 두 가지가 있음을 주목하라. 아래 표는 이 두 방법으로 나타낸 Q와 A값을 보여준다.

종류	주향	경사(degrees)	두께(m)
a)	Q : N−S / A : 180°	45°	70 to 75
b)	Q : S 60°E / A : 120°	45°	90 to 100
c)	Q : E−W / A : 90°	30°	70 to 75
d)	Q : N−S / A : 180°	30°	90 to 100

50. 다음 광물 중 보석인 동시에 연마제로 사용되며, 규산염광물이면서 등축정계인 광물은 어느 것인가? 원으로 표시하라.

a.	석영	b.	흑운모	c.	각섬석	d.	금홍석	e.	석류석
f.	정장석	g.	방해석	h.	암염	i.	녹주석	j.	금강석
k.	현무암	l.	반려암	m.	안산암	n.	화강암	o.	유문암
p.	셰일	q.	대리석	r.	점판암	s.	백악	t.	처트

51. 그림은 인접한 두 지역의 지질 단면도이다. a와 a′ 암석은 화성암이고, b~e 암석은 퇴적암이다. 다음 질문에 답하라.

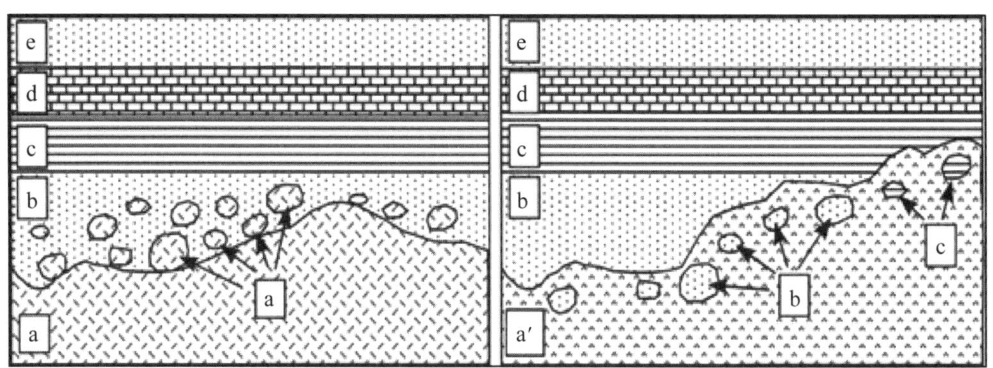

위 그림에서 a와 a′ 암석 중 어느 것이 오래되었는가?

52. 다음 광물 중 용액 내 CO_2 농도에 의해 침전이 일어나는 광물은?

a) 암염　　b) 인회석　　c) 단백석

d) 석고　　e) 방해석　　f) 중정석

53. 다음 표는 암석과 그들의 형성환경에 대한 설명이다. 암석의 유형과 형성환경이 옳게 짝지어진 것은?

	암석명	육안관찰시의 특징	형성환경
a)	석회암	모래 크기의 구형내지 타원형 입자, 층리 구조 발달	지표 아래 수 km 깊이의 지각
b)	화강암	세립질 입자, 엽리가 발달, 밝고 어두운 색의 입자가 같이 산출	마그마가 서서히 냉각되는 지각
c)	현무암	조립내지 극세립질 입자, 어두운 색, 기공이 관찰	중앙해령
d)	사암	중립질 모래 입자, 평행엽층리나 사층리	하천이나 해빈
e)	편마암	밝고 어두운 띠의 반복, 엽리가 발달, 조립질 입자	지표부근 마그마 접촉대

54. 다음 중 어느 토양이 가장 높은 투수율을 갖겠는가?

a) 농장 A

b) 농장 B

c) 농장 C

d) 농장 D

e) 농장 E

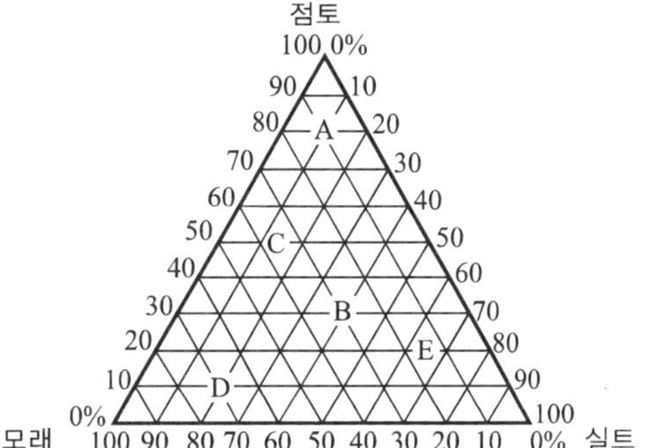

[55~56] 다음 그림을 보고 물음에 답하시오.

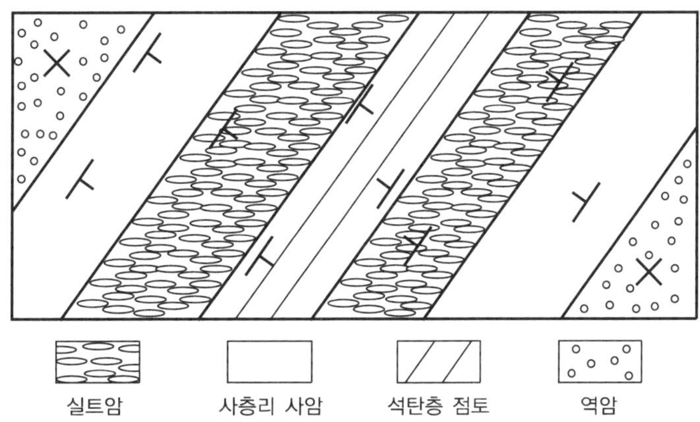

55. 위의 지질도에서 지질구조를 가장 잘 설명한 것은?

a) 두 개의 배사구조와 그 사이에 있는 향사구조

b) 두 개의 향사구조와 그 사이에 있는 배사구조

c) 암염 돔

d) 평평한 층

56. 아래 주상도 중에서 위 지역의 층서를 가장 잘 나타낸 것은?

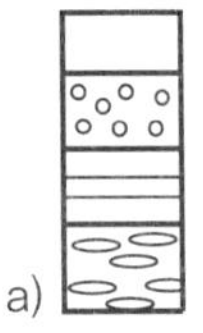

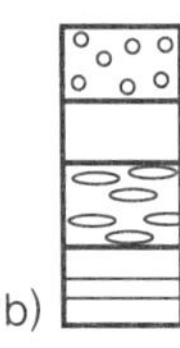

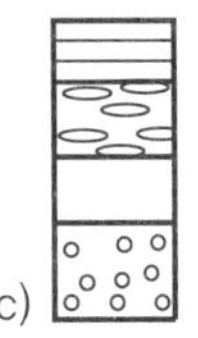

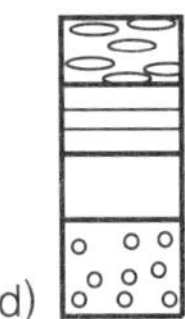

57. 생흔화석은 과거 동물의 활동의 흔적이다. 생흔화석의 유형에 따라 지질학자들은 퇴적물 바닥의 상태, 퇴적속도, 물의 에너지 그리고 고환경을 유추할 수 있다. 그림은 사암에서 발견된 생흔화석으로서 생물들이 제한된 자원을 어떻게 최대한 효율적으로 이용하는지를 보여준다. 이런 생흔화석이 발견되는 곳은 어떤 환경일까?

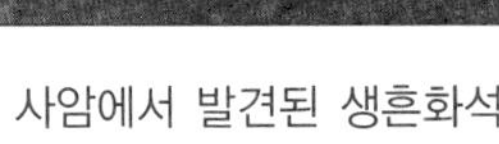
사암에서 발견된 생흔화석

왼쪽 그림을 확대한 그림

a) 조간대　　b) 강이나 호수　　c) 산　　d) 심해

58. 그림의 애기 맘모스 화석은 1977년 시베리아에서 발견되었다. 이와 같이 진행된 화석화 과정은 다음 중 무엇인가?

a) 석탄화작용
b) 얼음에 의한 보전작용
c) 호박 포유물
d) 광물로 채워져 견고해지는 작용
e) 황철석화작용
f) 규화작용

59. 오른쪽 화석은 무엇인가?

a) 상어
b) 경골어류
c) 양서류
d) 파충류
e) 조류
f) 포유류

60. 왼쪽의 암석 특징/퇴적구조와 일치하는 오른쪽의 모든 가능한 퇴적환경을 짝지어라.

암석의 특징/퇴적구조	퇴적환경
a) ______ 식물의 유해가 포함된 석탄 및 실트암	Ⅰ. 얕은 일시적 호수
b) ______ 스트로마톨라이트와 석회암편으로 구성된 석회암	Ⅱ. 조용한 심해
c) ______ 엽층리가 발달한 증발암	Ⅲ. 삼각주 습지
d) ______ 건열	Ⅳ. 빙하주변환경
e) ______ 윤회층	Ⅴ. 건조한 지역의 석호
f) ______ 얇은 층리가 발달한 셰일	Ⅵ. 탄산염 조간대

61. 다음의 화산환경(지역)에서 특징적으로 분출하는 마그마 유형을 제시하라(단, 동일한 마그마 유형이 한 지역 이상에서 나타날 수 있음).

마그마 유형: Andesite(안산암질), Basalt(현무암질), Rhyolite(유문암질)

a) 중앙 해령(Mid-ocean ridge) : (　　　　　　　　　　　　　　　　　　　　)

b) 호상열도(Island arc) : (　　　　　　　　　　　　　　　　　　　　　　　)

c) 판내부의 열점(Within plate-Hot spots) : (　　　　　　　　　　　　　　　)

62. 화산분출이 임박할 때 나타나는 현상(전조현상)으로 다음 중에서 3개를 고르시오.

a) 산사태

b) 지진활동이 빈번해짐

c) 폭우

d) 분출 가스의 화학적인 변화와 온도 상승

e) 강한 바람

f) 지면의 융기

63. 미켈란젤로(1475~1564)는 르네상스 시대의 가장 위대한 조각가 중 한 사람이다. 이 시기에 예술, 과학, 기술 분야에서 여러 발견과 혁신이 이루어졌다. 그는 "Carrara" 대리석에 그의 동상을 새겼다. 이 대리석은 이태리 "Carrara" 지역 부근의 채석장에서 산출되는 균질한 흰색의 극 세립질의 변성암이다. 다음 특징 중 대리석의 형성과 관련이 없는 것 2개를 고르면?

a) 대리석은 사암에 있는 장석(feldspars)의 재결정 작용에 의해 생성된다.

b) 대리석은 모스 경도 6-7이다.

c) 대리석은 주로 calcium carbonate (CaCO3)로 구성된 변성암이다.

d) 대리석의 색은 광물 불순물(예: 점토, 철산화물 등)의 포함 여부에 달려있다.

e) 대리석은 석회암, 돌로마이트와 같은 퇴적기원의 탄산염암(sedimentary-carbonate rocks)이 변성되어 생긴 암석이다.

f) 대리석은 결정질 구조를 지닌 비엽리 변성암(a non-foliated metamorphic rock)이다.

64. 남북방향으로 발달한 아카바 만은 사해의 남부와 아라비아 열곡대를 따라 분포한다. 이 열곡대는 폭이 15 km이고 마이오세 초기부터 활동적이었다. 이 열곡대는 시리아-아프리카 지구조 시스템의 북쪽 부분이다. 해수면으로부터 3 m 높이에는 5,000년 전에 형성된 해안 단구가 아카바 만의 동쪽과 서쪽 주변부를 따라 발달해 있다. 이 해안 단구는 일정한 높이로 수 km 분포한다. 이것은 다음 중 무엇을 의미하는가?

a) 플라이스토세 말기의 기후에 비유되는 온난한 기후
b) 최근의 기후에 비유되는 한랭한 기후
c) 지구조적인 융기
d) 높은 조석사건의 잔재물

65. 그림의 A-B 선을 따라서 지질단면도를 별지에 그리시오. 만일 C 지점에서 시추를 한다면 몇 m 깊이에서 셰일과 석회암의 경계에 도달하는가?

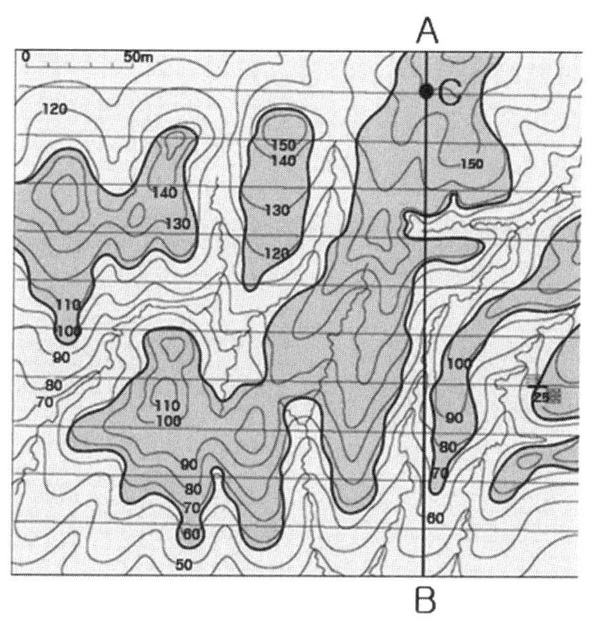

66. 왼쪽의 용어에 대한 올바른 설명을 오른쪽에서 선택하여 쓰시오.

a) 경사층	Ⅰ. 지형등고선을 교차하는 직선으로 나타난다.
b) 수평층	Ⅱ. 지형등고선을 교차하는 곡선으로 나타난다.
c) 수직층	Ⅲ. 지형등고선과 평행한 선으로 나타난다.

67. Field occurrence of major minerals A–E in granite and their crystal habits are shown in Figures 1 and 2, respectively. Physical and chemical characteristics of these minerals are summarized in Table.

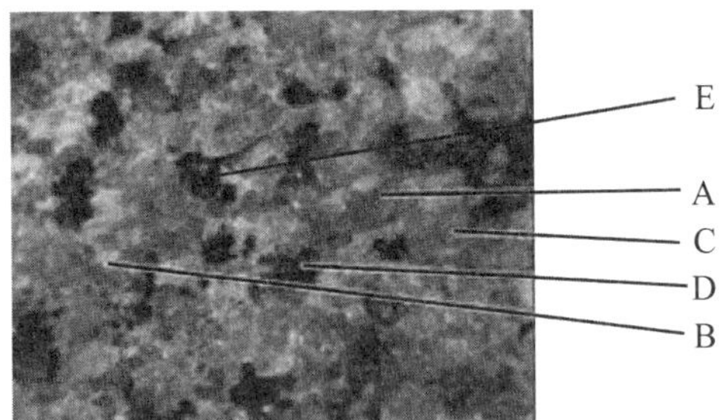

Figure 1

A	B	C	D	E

Figure 2

Table			
Minerals	Major Cations	Silicate Structure	Cleavage
A	Si	Frameworks	–
B	Si, Al, Na, Ca	Frameworks	2
C	Si, Al, K	Frameworks	2
D	Si, Al, K, Fe, Mg	Sheet	1
E	Si, Al, Fe, Mg, Ca	Double Chain	2

Choose correct match for minerals A–E.

	A	B	C	D	E
a)	Quartz	Plagioclase	Orthoclase	Biotite	Hornblende
b)	Quartz	Orthoclase	Plagioclase	Biotite	Pyroxene
c)	Quartz	Plagioclase	Orthoclase	Muscovite	Pyroxene
d)	Quartz	Orthoclase	Plagioclase	Hornblende	Pyroxene

68. Photos are metapelitic rocks (A) and (B) formed by regional metamorphism.

(A) (B)

Choose correct statement for rocks (A) and (B).

a) Rock A formed at higher temperature than rock B.

b) Rock A contains less feldspar than rock B.

c) Rock B mainly composed of sillimanite+plagioclase.

d) Planer structure in Rock B is gneissosity.

69. Figures are photographs of thin section of rocks A and B took under polarizing microscope. Most quartz grains in rock A show straight extinction and those in rock B reveal undulose extinction. Choose all right explanations.

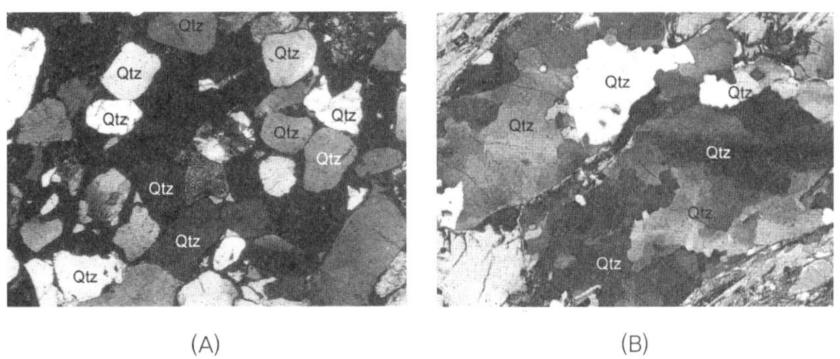

(A) (B)

a) Extinction is a phenomea resulted by interference occurred in the lower nicol.

b) Pressures given to racks are higher in B than A.

c) Undulose extinction in B is produced by deformation of structure of internal crystal lattice.

d) Quartz in A is an uniaxial mineral and quartz in B is a biaxial mineral.

e) Difference in extinction of two rocks is related with change in chemical composition according to temperature and pressure change.

70. The following table shows features of plate boundary of two continental plates facing each other.

Feature	Divergent	Convergent	Transform fault
Topography	Rift valley	A	Fault zone that displaces surface features
Earthquake	All foci less than 100 km deep	Foci as deep as 300 km over a broad region	B
Volcanism	C	No volcanism; intense metamorphism and intrusion of granite plutons	No volcanism
Example	African Rift Valley	D	San Andreas Fault

Choose a right answer which explains correctly.

a) A－Mountain Range, B－Foci as deep as 100 km, C－Andesitic volcanoes

b) B－Foci as deep as 100 km, C－Basaltic and rhyolitic volcanoes, D－Andes Mountains

c) A－Mountain Range, B－Foci as deep as 700 km, D－Andes Mountains

d) A－Mountain Range, C－Basaltic and rhyolitic volcanoes, D－Himalaya Mountains

e) A－Rift valley, B－Foci as deep as 100 km, C－Basaltic and rhyolitic volcanoes

71. The following statements are explanations for sedimentary rocks. Choose the incorrect one.

a) The simplest deltas, those in lakes, have a threefold subdivision of bottomset, foreset, and topset beds.

b) Some limestone forms in lakes, but by far most of it was deposited in deep seas.

c) Some sand deposits have an elongate or shoestring geometry, especially those deposited in stream channels or barrier islands.

d) Evaporites form in several environments, but the most extensive ones were deposited in marine environments.

e) A barrier island system includes beach, dune, and lagoon subenvironments each characterized by a unique association of rocks, sedimentary structures, and fossils.

72. Table below shows rocks of characteristic features including mineral composition. Name the appropriate rock and choose the correct one for the formation environment of that rock from the box.

Characteristic features including mineral composition	Rock name	Formation environment
An intermediate volcanic rock, it usually has 55 to 65 % silica content. Plagioclase feldspar (andesine or oligoclase) is the most significant constituent, along with pyroxene, amphibole, and biotite.	1	
A coarse–grained and equigranular dark–colored igneous rock in which quartz is very rare. Silica content is about 50 %. It is composed of calcic plagioclase, pyroxene, olivine and magnetite.	2	
A coarse–grained and granular metamorphosed rock characterized by compositional banding of metamorphic origin. Feldspar and quartz are abundant, while muscovite, biotite, and hornblende are also commonly present.	3	
A cryptocrystalline, dense, hard rock composed of silica. It shows conchoidal fracture.	4	
A sedimentary rock composed of bioclast, ooids, pelods, or intraclast. It reacts with dilute hydrochloric acid.	5	

	Formation of environment
a)	High－grade regional metamorphism in convergent plate margin.
b)	It is formed from the accumulation of silica, possibly in a colloidal form on seabeds.
c)	Volcanoes associated with subduction of oceanic plate beneath continent.
d)	Divergent plate margins.
e)	Shallow sea of tropical climate.

73. Which of the followings is not related to interpret the relative age of the strata?

a) Principle of fossil succession

b) Walther's law

c) Principle of inclusion

d) Principle of superposition

e) Principle of cross－cutting relationship

74. Diagram below shows a geologic section. Dyke A and B contains a radiogenic isotope of which half－life is 50million years. The isotope ratio of parent to daughter element in dyke A is 1:3 whereas the isotope ratio in dyke B is 1:15.

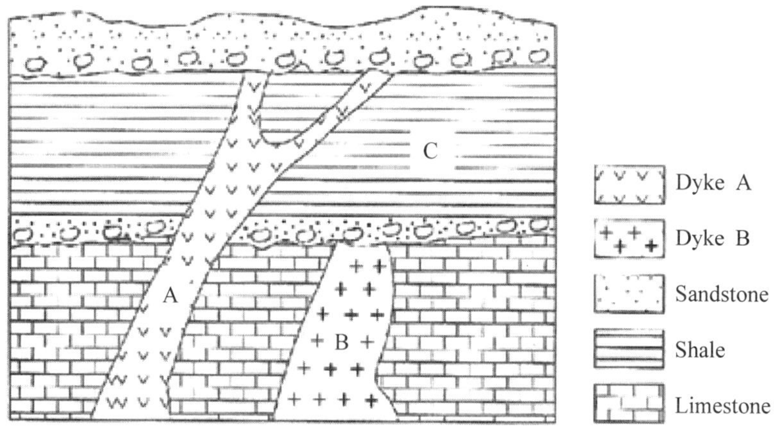

Answer the following questions

1) What is the age of shale bed C

2) Which fossil can be found in the shale bed C

a) trilobite
b) dinosaur
c) nummulite
d) fusulina
e) mammoth

75. Photos (A) and (B) are both igneous rocks. Their physical and chemical features are summarized in Table 1.

	Color	Texture	Major compositions
Rock (A)	Light	Phaneritic, Equigranular	O, Si, K, Na
Rock (B)	Dark	Aphanitic	O, Si, Fe, Mg, Ca

What mineral can occur in both rocks (A) and (B)?

a) Pyroxene
b) Biotite
c) Plagioclase
d) Orthoclase
e) Olivine

76. Figures are zonal structures of andesite (A) and gneiss (B). Chemical composition of plagioclase is (Na, Ca, K)$AlSi_3O_8$. In figures, $Na_{50}Ca_{50}$ represents that mole % of Na and Ca are 50 % and 50 %, respectively. Answer the following questions. (mole % of trace element K is neglectable).

1) Explain the reason why some amounts of Na can be substituted for those of Ca.

2) Explain the reason why the diffrence in chemical composition of plagioclase occurs in andesite and gneiss.

77. Given five different mineral samples, the candidate is requested to identify each mineral species with the aid of basic chemical/physical tests or macroscopic observations. Each mineral species holds at least one unique feature or character which discriminate it from the others (for example, it is the only one reacting with acids, it is the hardest one, it is the most symmetric one, it is the only one exhibiting metallic luster …). The tests recommended for the identification are: (i) reactivity to hydrochloric acid attack; (ii) determination of the relative Mohs hardness; (iii) crystal habit indicative of the crystal symmetry; (iv) metallic luster.

The candidate should associate the code number (from 1 to 5) of the mineral sample to the mineral name.

78. In this test you are expected to recognize the minerals of the rock, estimate their abundance and classify the rock based on the Strekeisen diagram.

Fill all tables and Strekeisen plot. Report the name of the rock.

Characters of the rock forming minerals (not all are present in the rock):

Plagioclase: White milky appearance, anhedral to subhedral (elongate prismatic habit), sometimes twinning and cleavage detectable.

Quartz: Colourless to greyish, is the most transparent, often anhedral interstitial, conchoidal fractures, no cleavage.

Biotite: Black–dark brown, vitreous lustre, thin cleavage system, hexagonal euhedral sections are in general subequant.

Pyroxene: Black, prismatic elongated, cleavage parallel to the elongation.

Olivine: Green, dark green, prismatic subequant, no cleavage.

Oxides: Equant, fine grained, black metallic lustre.

Tourmaline: Strongly elongated to acicular habit, light brown to greenish.

K–Feldspar: Orange to reddish, forms large crystals, anhedral to subhedral, sometimes twinning and cleavage detectable.

1) In the following table select the minerals you recognize on the selected areas of the pillar, then indicate the amount of each phase. Minerals not recognized must be indicated as 0 %. To evaluate the amount of each mineral phase use

the reference grids in the next page. Note that indicating the amount of minor phases as 〈10 % means total is not expected to be 100 %.

	0	〈10 %	10 %	20 %	30 %	40 %
Tourmaline						
K−feldspar						
Olivine						
Oxides						
Quartz						
Pyroxene						
Biotite						
Plagioclase						

Reference grids

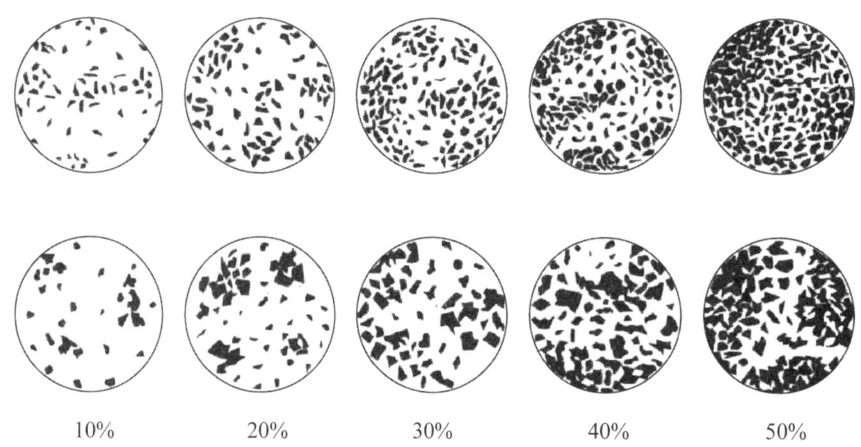

2) In order to define the rock you must recalculate the relative amount of Q, A and P

	Estimated value	Recalc to 100
Q (Quartz)		
A (K−feldspar)		
P (Plagioclase)		
Sum Q+A+P		Sum = 100

3) Plot in Q－A－P by colouring the compositional field. You can use the triangular plot aside to help in finding the correct position.

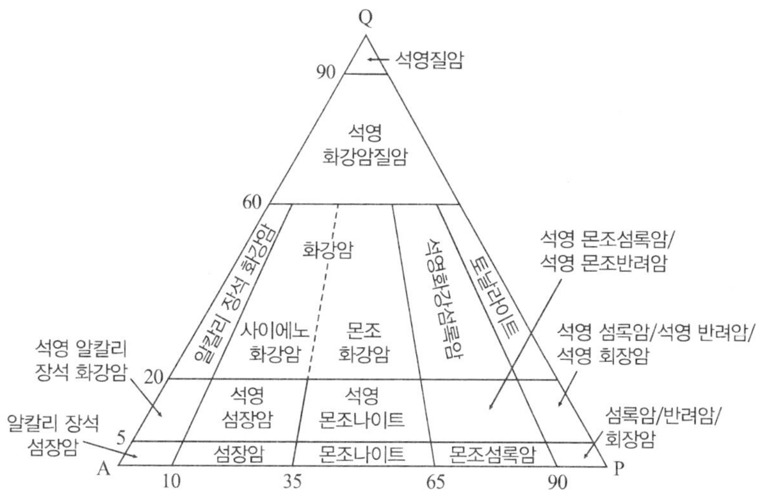

The observed rock is: ____________________

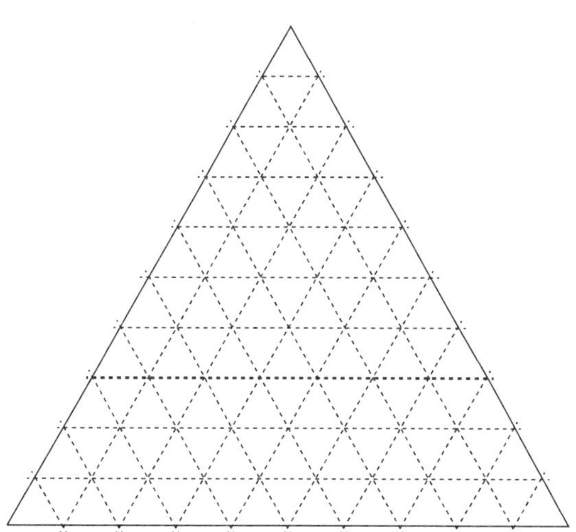

79. Figure below shows the grain size distribution of sediments.

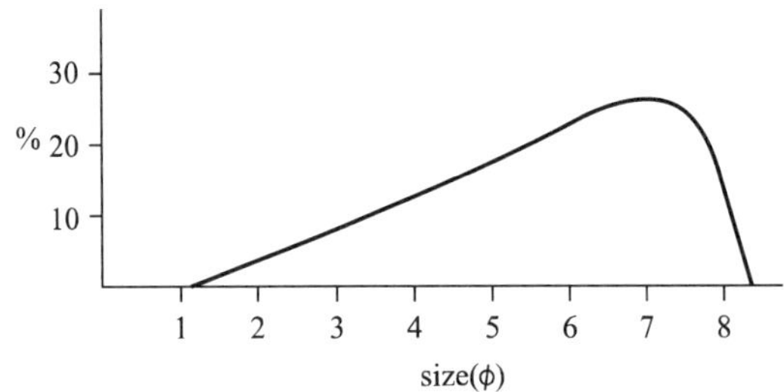

1) What is the most conspicuous characteristic of this grain size distribution?

2) Which environment is the most likely to distribute the sediments?

3) Explain the reason why this grain size distribution occurs in the environment you answered.

80. Choose all sedimentary structures useful in paleocurrent analysis.

a) graded bedding
b) cross bedding
c) desiccation cracks
d) wave ripples
e) flute casts

81. It is a simplified geological map showing distribution of three Strata A, B, and C. Geological ages of the A, B, and C Strata are Devonian, Carboniferous, and Permian, respectively.

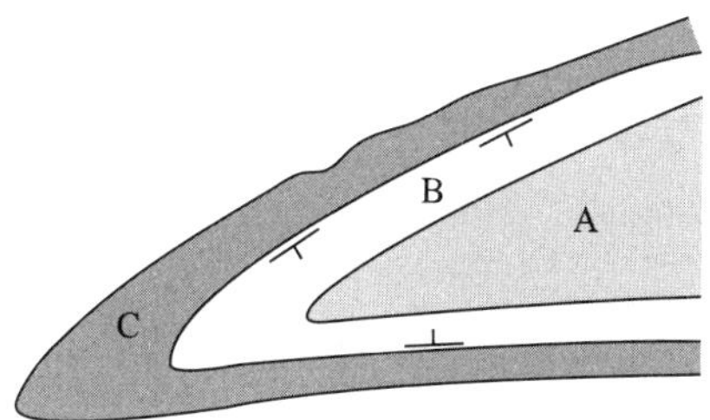

What kind of fold type was developed in this area? (Trend and plunge of fold axis are 085° and 15°)

a) Syncline
b) Anticline
c) Synformal anticline
d) Antiformal syncline

82. Fig. A and B represent a geological map and a－b cross section of morphology respectively. Contour units are in meters and horizontal and vertical scales are same. Answer the following questions.

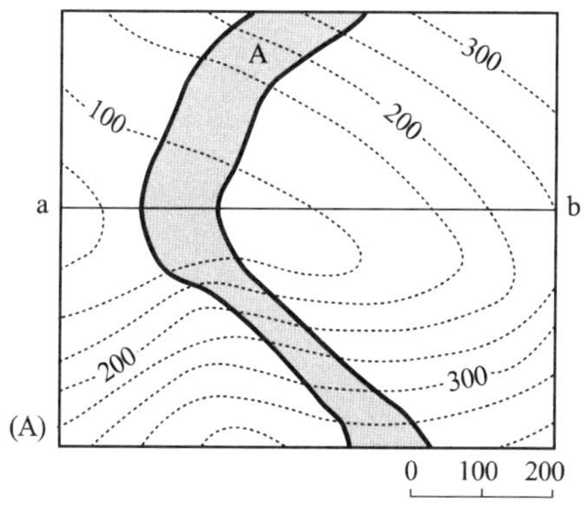

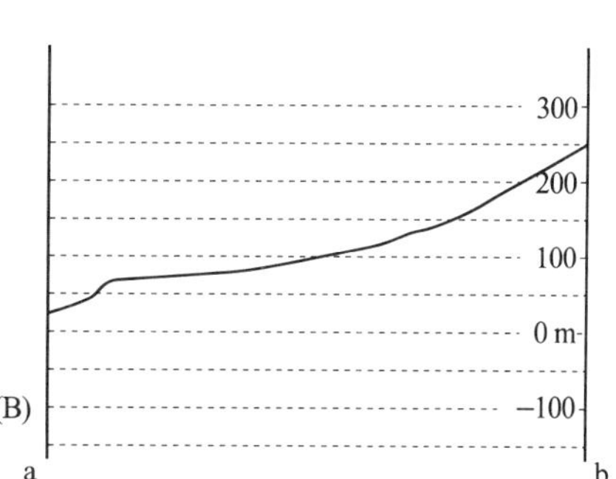

1) Write strike and dip of stratum A. (error range ±5°)

2) Make a geological cross section in Fig. B.

3) Find out the thickness of stratum A. (error range ±10 m)

83. Figure shows distribution and geological ages of the Hawaiian island chain and Emperor seamounts located in the Pacitic Ocean. Units of geological ages are million years ago (Ma). Answer the following questions.

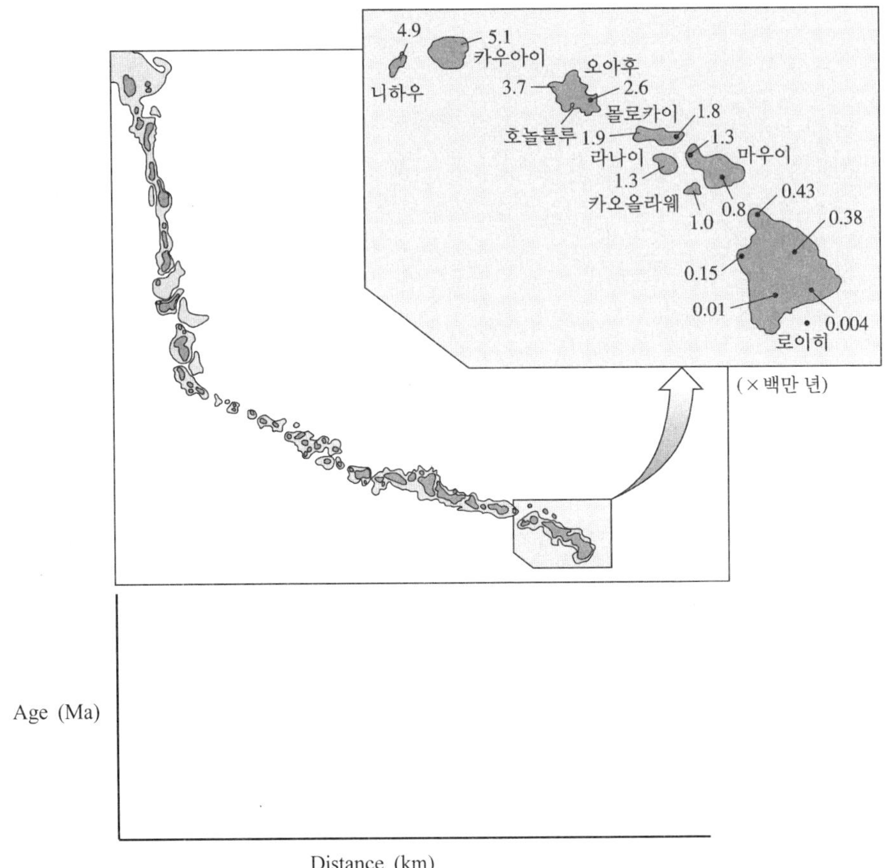

1) Make a graph showing the relationship between distance from the Hawaian island and geological age.

2) Show the history of the Pacific plate movement with two arrows (i.e. distance and direction)

84. The same shale is detected at three points (110M, 140M, and 160M below the surface of the earth). Suppose that the shale was not folded and faulted at all, please find the strike and the direction of dip of the shale.

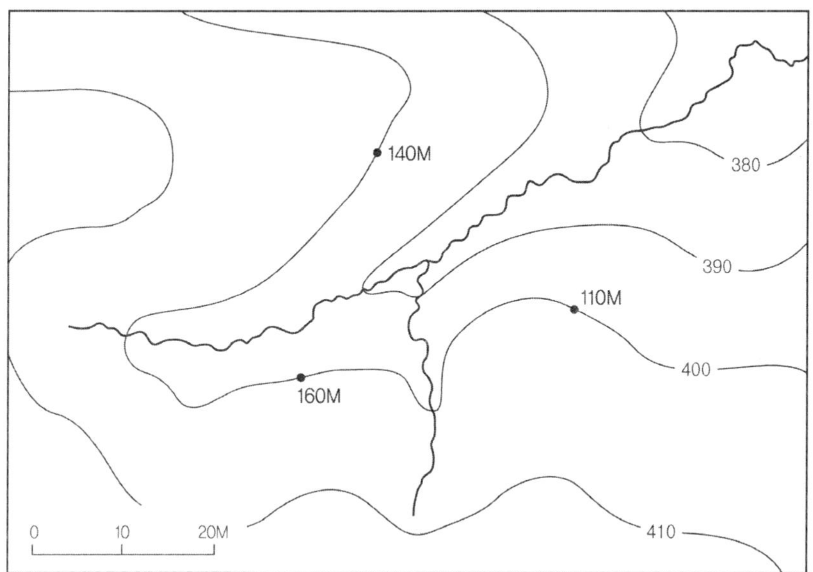

85. Suppose that the strata on the map are parallel and are not folded and faulted at all, please calculate the vertical depth from the point P to the upper surface of sandstone.

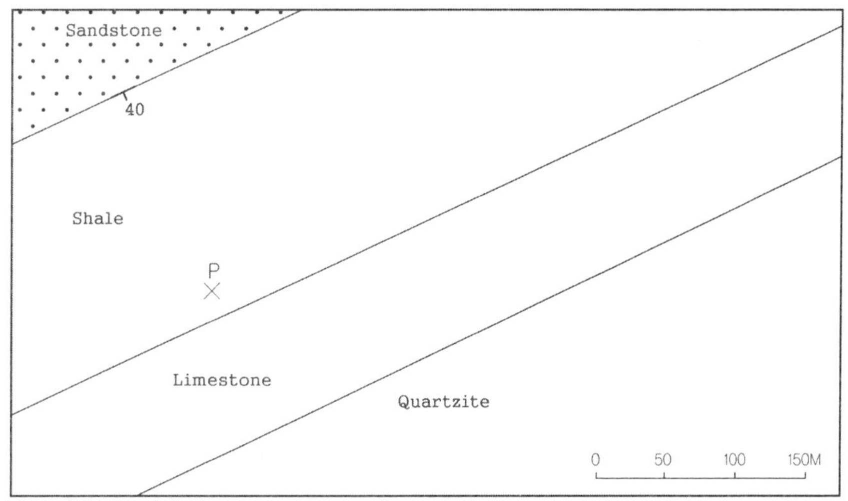

* $\sin 40° = 0.64$, $\tan 40° = 0.84$

86. Map shows the strike and dip of some strata exposed on a horizontal plane. Please calculate the thickness of shale and dolostone.

sin $35^{\circ} = 0.57$, tan $35^{\circ} = 0.7$

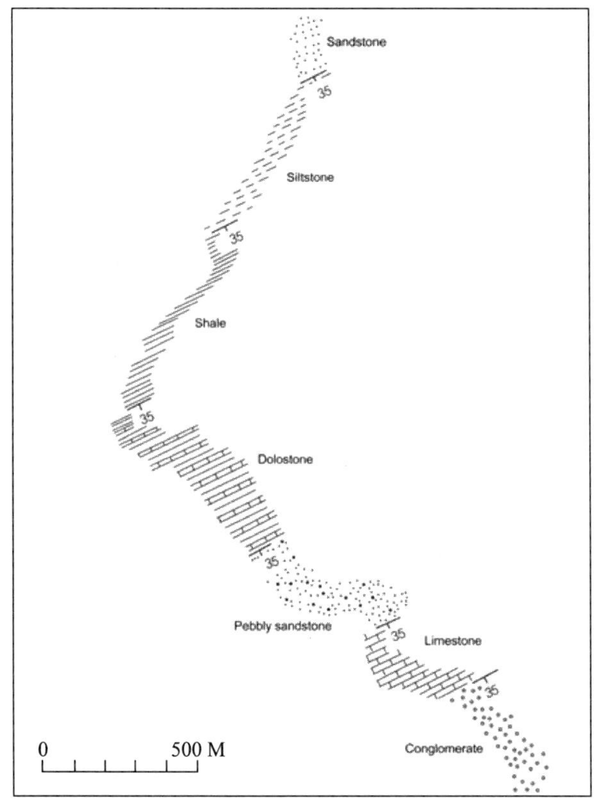

87. Please answer the following questions.

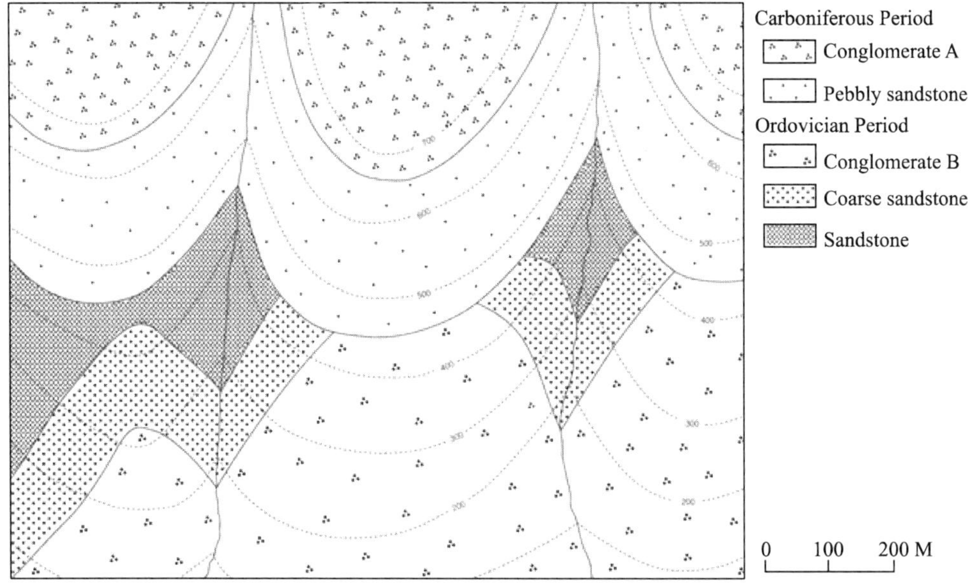

1) Calculate the thickness of coarse sandstone.

2) What is the relation between coarse sandstone and pebbly sandstone?

88. The strike and dip of shale and limestone on the map is EW and 25°S respectively. Please complete the geologic boundary of the shale and limestone on the map and then draw the geologic cross section on the right box.

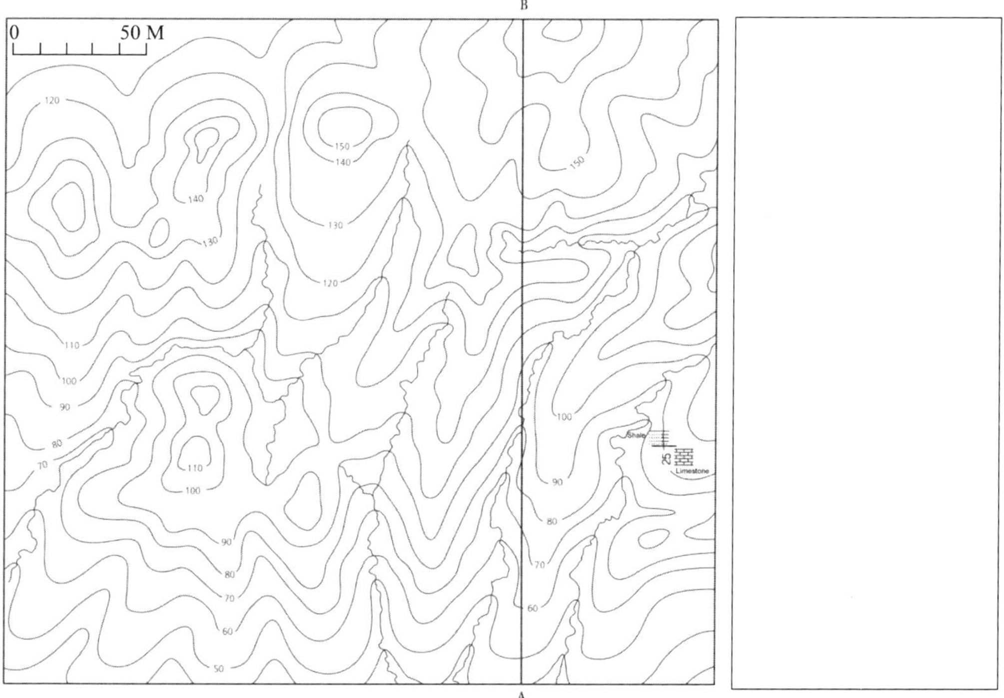

89. Draw the geologic cross section of AB and CD, and measure the thickness of limestone.

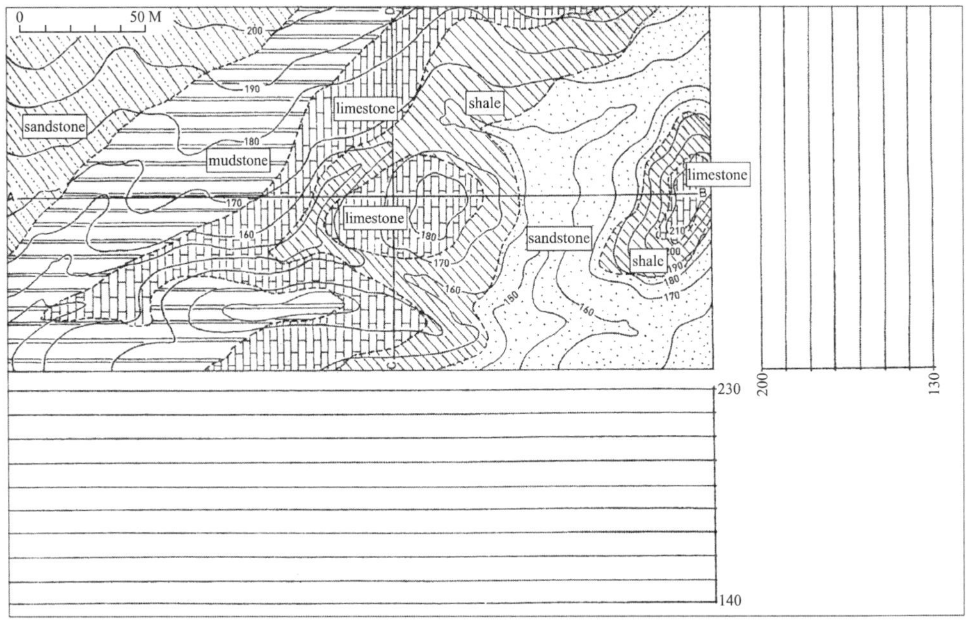

90. Calculate the thickness of sandstone.

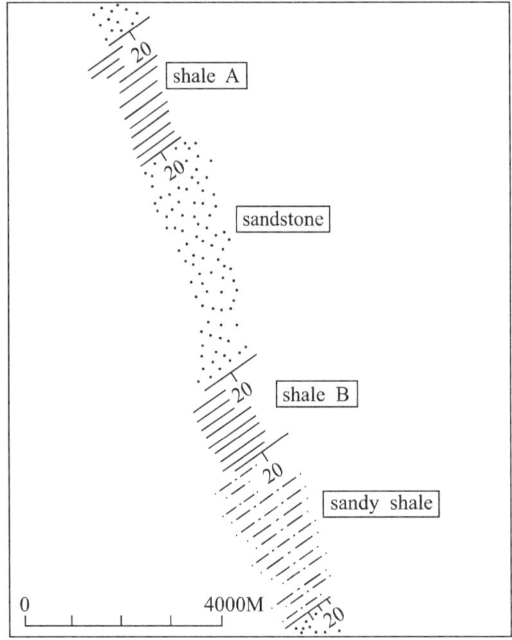

정답 및 해설

1. a	2. a	3. b	4. b	5. a	6. d	7. c	8. b	9. a	10. d
11. d	12. d	13. b	14. d	15. a	16. d	17. d	18. d	19. b	20. a
21. b	22. b	23. d	24. b	25. c	26. b	27. a	28. e	29. d	30. b
31. e	32. a	33. c	34. a	35. c	36. d	37. b	38. b	39. a	40. d

41. 방해석

42. 석영, 장석

43. c	44. b	45. b	46. c	47. b	48. a	49. a	50. e	51. a	52. e
53. d	54. d	55. a	56. c	57. d	58. b	59. d			

60. a－Ⅲ, b－Ⅵ, c－Ⅴ, d－Ⅰ, e－Ⅳ, f－Ⅱ

61. a) 현무암　b) 안산암　c) 현무암

62. b, d, f

63. a, b

64. c

65. 10 m

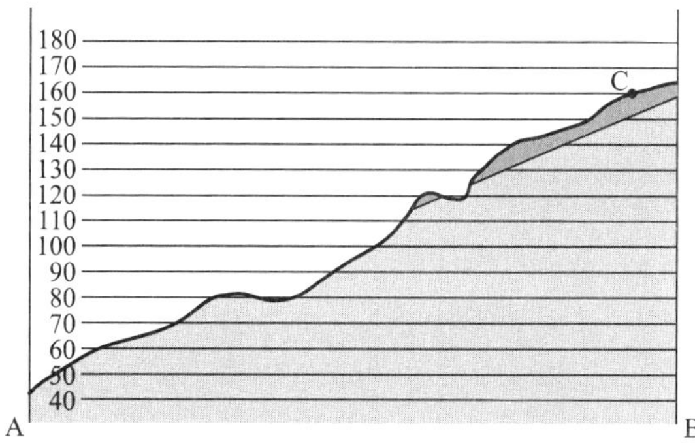

66. a－Ⅱ, b－Ⅲ, c－Ⅰ

67. a

A: Colorless, transparent, three dimensional framework, and ca. 99 wt % in Si. à Quartz

68. a

Rocks A and B is gneiss and phyllite (or slate), respectively, those are formed by regional metamorphism. Thus, gneiss (rock A) shows bended structure composing of leucosome (Qtz + feldspar rich) and melanosome (Fe – Mg – bearing mineral rich), whereas Phyllite (rock B) displays slaty cleavage recognized by alignment of micaceous minerals

69. b, c **70.** d **71.** b

72. 1. Andesite – c / 2. Gabbro – d / 3. Gneiss – a /4. Chert – b / 5. Limestone – e

73. b

74. 1) 100 million to 200 million years ago 2) b

75. c

76. 1) Ionic charges of Na and Ca are positive and ionic sizes of them are similar to each other.

2) Chemical composition of plagioclase changes with temperature and pressure given to a rock. In the case of andesite, as magma temperature decreases, plagioclase crystallizes and chemical composition of plagioclase decreases in Ca content towoard outside of crystal. In the case of gneiss, as metamorphic temperature and pressure increase, plagioclase recrystallizes and chemical composition of plagioclase increases in Ca content toward outside of crystal.

77. ① calcite ② quartz ③ fluorite ④ hematite ⑤ sulphur

78. 1)

	0	<10 %	10 %	20 %	30 %	40 %
Tourmaline	X					
K – feldspar						X
Olivine	X					
Oxides		X				
Quartz					X	
Pyroxene		X				
Biotite		X				
Plagioclase				X		

2)

	Estimated value	Recalc to 100
Q (Quartz)	30	33
A (Alkali – feldspar)	40	44
P (Plagioclase)	20	22
Sum Q+A+P	90	Sum = 100

3) 사이에노 화강암

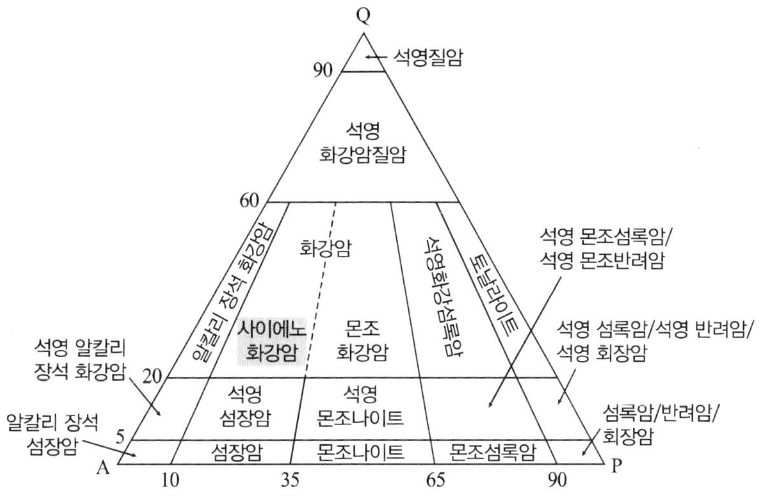

79. 1) Negative (or coarse) skew.

2) beach (or desert).

3) finer components were carried off by persistent wave action.

80. b, d, e

81. c

82. 1) Strike : NS, dip : 45°W

2)

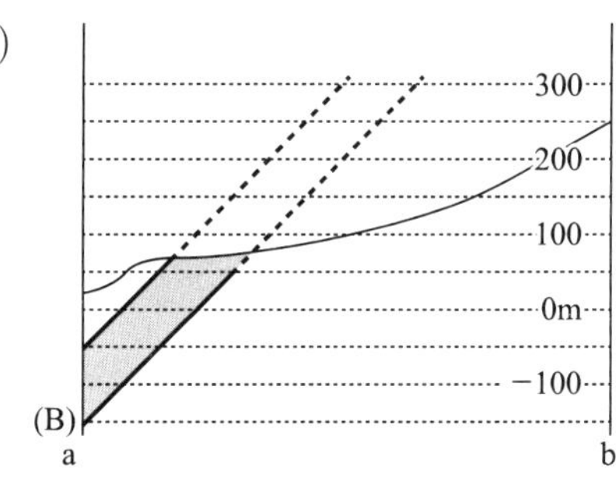

3) About 70.7 m

83.  1)

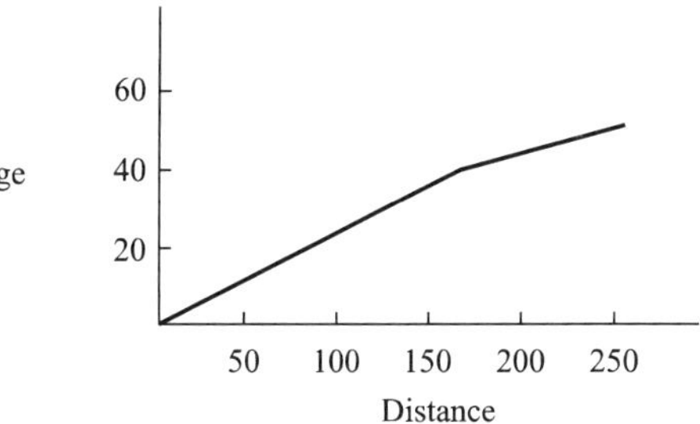

2) 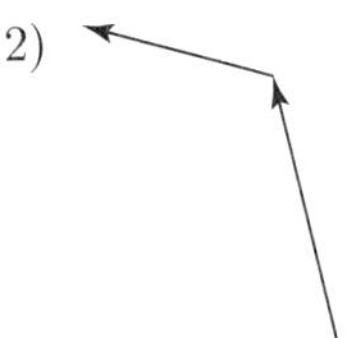

84. Strike: N11°W // The direction of dip: SW or S79°W

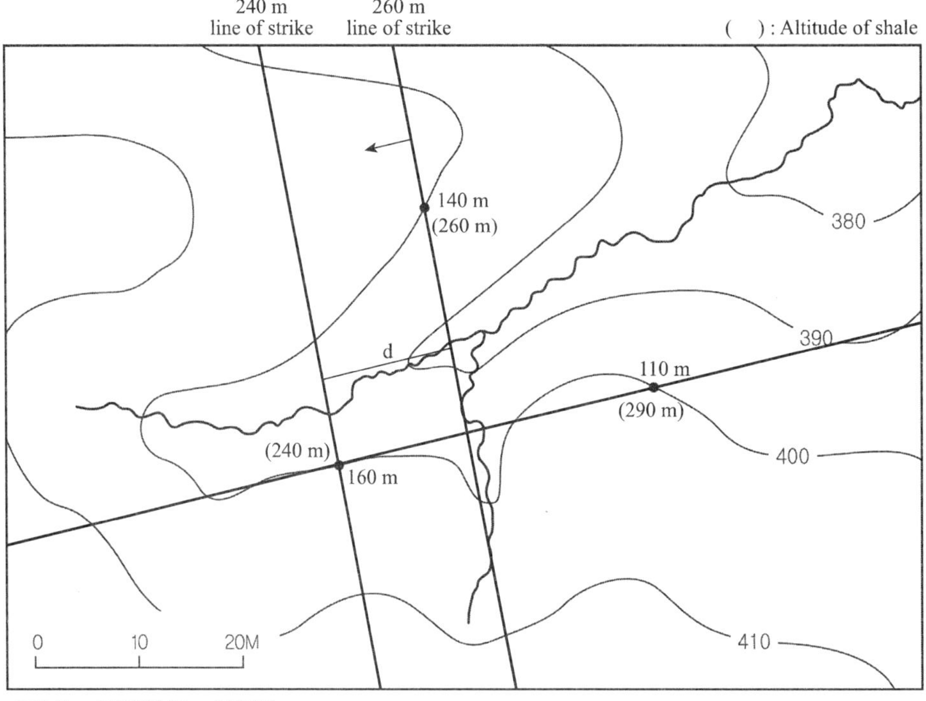

* Strike : N11°W, Dip : 57°SW

85. about 126M

[Explanation of the answer]

The horizontal distance from P to the boundary between sandstone and shale (X) : 150M

$$150M \times \tan 40 \fallingdotseq 126M$$

86. The thickness of shale : about 217M

The thickness of dolostone : about 326M

87. 1) about 62M

2) Angular unconformity

88.

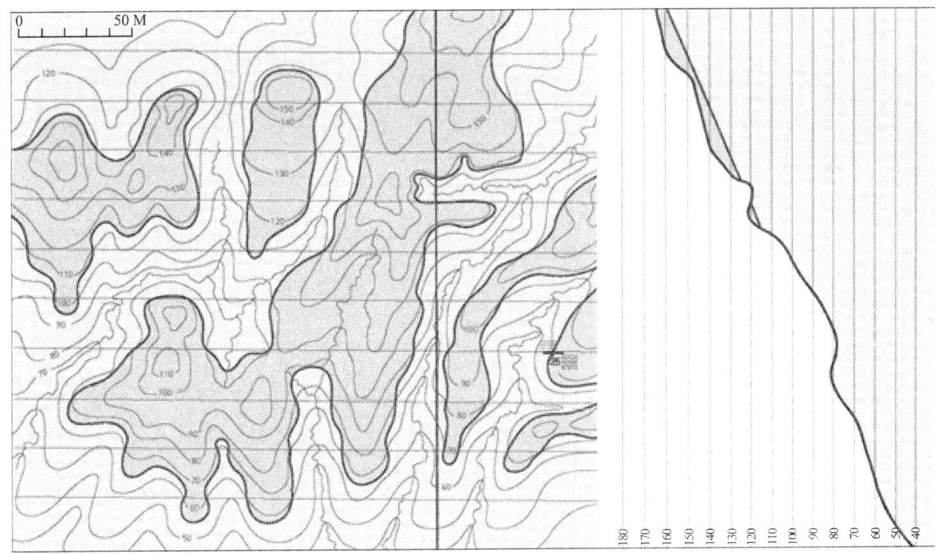

89.

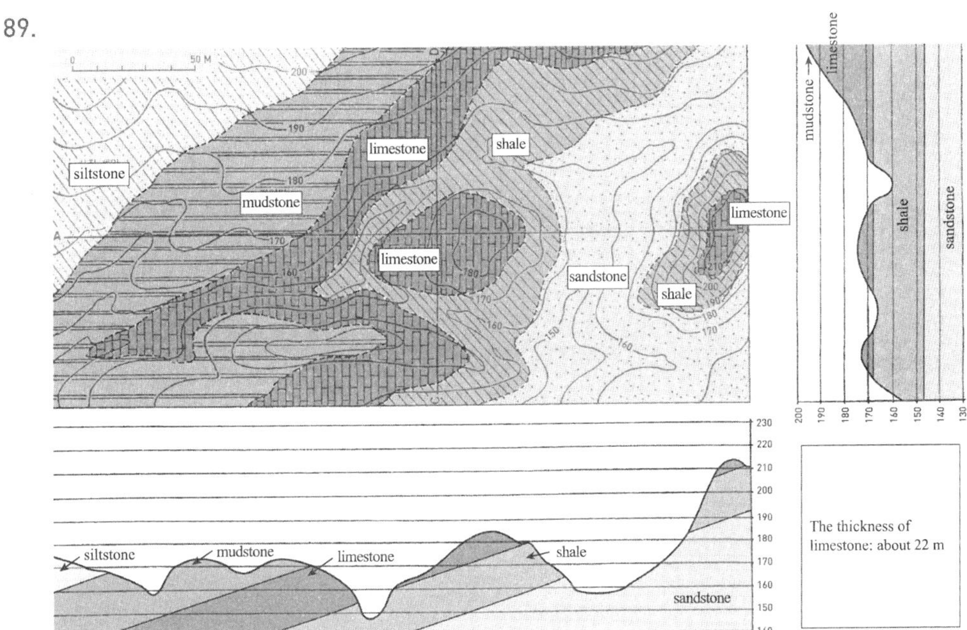

90. The thickness of sandstone : about 1470 m

국제지구과학올림피아드(IESO)

고체 지구과학 내권 · 역장 분야 기출문제

1. 고체 내핵의 존재는 어떤 관측소에 핵을 통과해 온 지진파의 도달 시간이 예상보다(과) ______________지진파의 관측을 통해 알아냈다.

a) 더 빠른 b) 더 느린

c) 동일한

2. 동일한 고도의 A와 B 두 지점에서 중력 가속도를 측정하였다. 표면 아래의 지하 구조와 밀도는 균질하다고 가정할 때, A와 B 두 지점 중 어느 곳의 중력 가속도가 더 큰가?

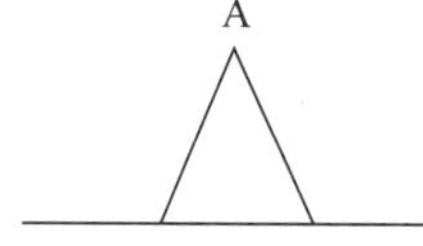

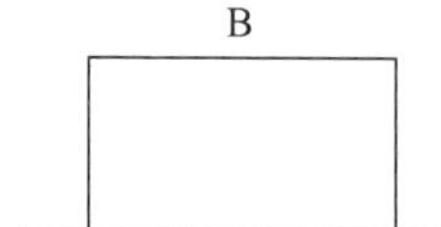

3. 어떤 종류의 단층 운동이 울타리의 이동을 일으켰는가?

a) 우수향(right lateral) 주향 이동단층

b) 좌수향(left lateral) 주향 이동단층

c) 경사단층

d) 트러스트 단층(저각 역단층)

4. 지구의 평균 밀도(질량/부피)는 5500 kg/m^{3}이다. 지구 내부의 물질이 압축되지 않은 상태라고 가정한다면 지구 표면에서의 밀도가 지구 중심까지 유지된다고 생각할 수 있을 것이다. 이렇게 지구 표면의 평균 밀도를 지구 내부까지 동일하다고 생각했을 때의 지구의 평균 밀도는 4000 kg/m^{3}가 된다. 지구의 실제 질량(6.0×1024 kg)을 이용하여 지구의 평균 밀도가 4000 kg/m^{3}가 되려면 지구의 크기는 얼마나 커야 하는가? (단, 지구는 완전한 구형으로 가정한다.)

a) 2500 km　　b) 14200 km

c) 3050 km　　d) 7100 km

5. 2층 구조의 지진파 굴절에 대한 수식에서 지진파 주행시간(t)은 전파 거리(x)에 따라 다음과 같이 주어진다.

t : 주행시간(초)
h_1 : 1층의 두께
x : 지진파 주행시간
V_1 : 1층 내의 지진파 속도
V_2 : 2층 내의 지진파 속도

x (m)	t (ms)
2	4
4	10
6	12
8	19
10	24
12	27
14	30
16	31
18	32
20	34
22	36
24	39

(A)

만일 굴절파 측정 자료가 (A)와 같을 때 각 층의 속도 V_1과 V_2를 각각 구하시오.

– 계산 과정을 쓰시오.

– 1층의 두께 h_1을 계산하시오.

6. 지진 발생수(N)와 이들의 규모(M)사이의 관계는 다음과 같다.

$$\log N = a - bM$$

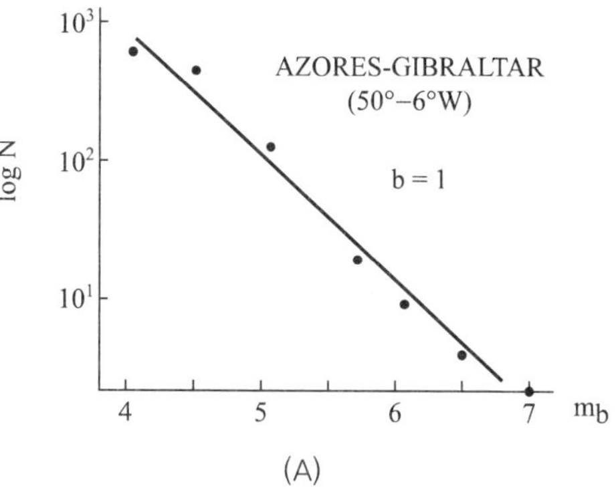

(A)

위 식과 관련된 그래프가 서부 수마트라 파당(Padang)에서 발생했던 지진들에 대한 (A)와 같이 나타난다. N값은 리히터(Richter) 규모가 1보다 더 큰 지진의 수를 나타내는 상수이다. 이와 마찬가지로 b는 큰 지진들에 대한 작은 지진 수의 비를 나타내는 값이다. 만일 b값이 1이라면 리히터 규모 5의 발생 수와 리히터 규모 7 발생 수의 비율은(몇 배) 얼마인가?

7. Which of the following ways of measuring the size of an earthquake does not need an instrumental record?

a) Richter magnitude　　b) M_W

c) Moment　　d) Intensity

8. Which of the following is wrong for the reason that the P－waves recorded on a receiver due to an earthquake are not a single pulse?

a) Waves generated by different parts of the fault have to travel different distances to the receiver.

b) Reflections produce echoes.

c) Dispersion is accompanied with P－wave propagation.

d) Defocusing of ray paths may exist between the hypocenter and the receiver.

9. When we compare the relative arrival times of direct, refracted, and reflected rays (i) close to the shot point, (ii) at the critical distance, (iii) at the crossover distance, (iv) a long way from the shot, which of the following is wrong?

a) Close to the sources, the direct ray is first and the reflected second, and there is no refracted arrival

b) At the critical distances, the direct ray is first, and the refracted and reflected rays arrive later at the same time

c) At the crossover distance, the direct and reflected rays arrive together, with the refracted wave ray later

d) At a large distance, the refracted wave is first, the the direct ray, with the reflected ray only a little after it

10. If you plot the data in the table and find the fault-plane soltion and deduce what type of fault was involved, which of the following is wrong?

Azimuth	Take-off angle	Sense	Azimuth	Take-off angle	Sense	Azimuth	Take-off angle	Sense
0	18	D	123	28	D	247	55	C
34	27	C	153	46	D	270	19	C
45	19	C	202	15	D	311	16	C
58	29	C	230	31	D	329	46	D
94	17	C	238	29	D	356	39	D

*C: compressional; D: dilatational

a) One of the two planes is approximately strike 44, dip 80

b) Another one is approximately strike 85, dip 80

c) It is approximately strike-slip

d) It is approximately dextral

11. What is appropriate numbers to fill the following blanks?

> An increase of 1 in magnitude means the amplitude is [   ] times and equals an energy increase of about [   ] times

a) 10, 100

b) 30, 10

c) 10, 30

d) 100, 10

e) 100, 30

12. Consider seismic waves which propagate at 4.5 km/s in the Earth crust.

1) What are the wavelengths associated to periods of T = 0.1s, 1s and 100 s

a) 250 m,	2.5 km	and	250 km
b) 450 m,	4.5 km	and	450 km
c) 150 m,	4.5 km	and	500 m
d) 750 m,	7.5 km	and	750 km

2) What are the periods and the frequencies associated to wavelengths of 1 m, 1 km, 100 km periods:

e) 0.00444 s,	4.4 s	and	444.4 s
f) 0.00034 s,	0.22 s	and	24.6 s
g) 0.00006 s,	0.06 s	and	60.0 s
h) 0.00022 s,	0.22 s	and	22.2 s

3) frequencies:

i) 4500 Hz,	4.5 Hz	and	0.045 Hz
j) 34 Hz,	24 Hz	and	44 Hz
k) 1200 Hz,	1.2 Hz	and	0.012 Hz
l) 22 Hz,	2.2 Hz	and	220 Hz

13. The figure shows the observed seismogram at some earthquake observatory. Here, the velocity of P wave (V_p) and S wave (Vs) is 7 km/sec and 4 km/s, respectively.

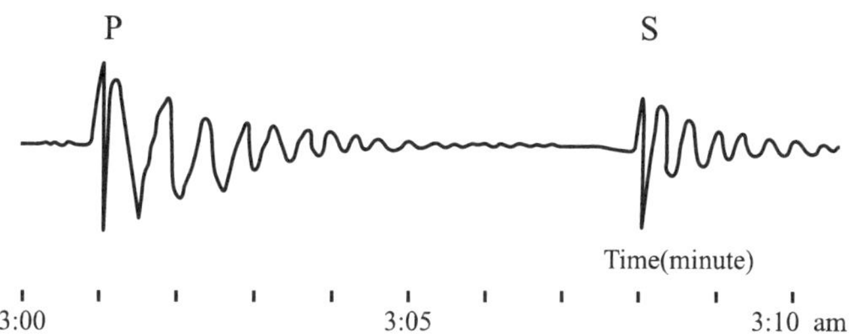

1) How far the observatory is located from epicenter?

2) What time the earthquake occurred?

3) What time the first S wave arrive at the place 4000 km far from epicenter?

14. Volcanic eruption in a mid–ocean ridge leads to matter and energy transformation between the following earth systems (choose the most complete option):

a) From geosphere to atmosphere.

b) From hydrosphere to geosphere.

c) From geosphere to hydrosphere and then to biosphere.

d) Only from geosphere to hydrosphere.

15. Earth's bulk density (mass/volume) is 5500 kg/m^3. It is estimated that Earth's uncompressed density (the density Earth would have if gravity were "turned off" and pressure inside the Earth were zero) is 4000 kg/m^3. Using the actual mass of Earth (6.0×1024 kg), what would its radius have to be to give a bulk density of 4000 kg/m^3? (Assume this Earth is a perfect sphere.) Give the answer in meters and kilometers.

16. Assume the incident P wave in the diagram below has an incident angle, ip of 30°. Using the velocities shown, what are these angles : ($\alpha = V$ of P wave, $\beta = V$ of S) i_s, r_p and r_s.

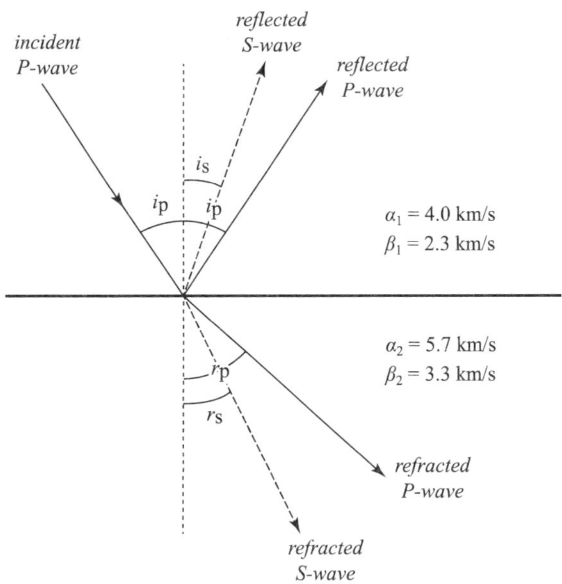

17. Assume a model with 2 horizontal layers on a half-space, and $V_1 < V_2 < V_3$. A refraction survey produces the travel-time graph below (not to scale), where the slope of the first line segment is 0.0005 s/m, the second slope is 0.0003333 s/m and the third slope is 0.0002 s/m. The time intercept of the second segment (line extended to where $x = 0$) is 0.02 s, and the time intercept of the third segment is 0.03 s. Show your work on extra paper. Give appropriate units.

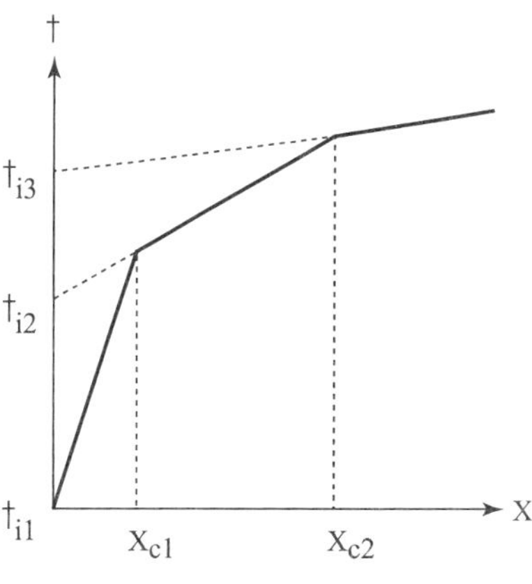

1) What is the velocity of the first layer?

2) What is the velocity of the second layer?

3) What is the velocity of the third layer?

4) What is the thickness of the first layer?

5) What is the thickness of the second layer?

18. In the correction process of gravity exploration data, the ordinary coefficient free－air correction is 0.3086 mgal/m, but the coefficient varies to 0.3083 mgal/m in equator, and 0.3088 mgal/m in pole region. Explain the reason.

19. Gravitational acceleration is going to be observed at following two points, A and B. The height at the two points is same.

1) Assuming subsurface structure is homogeneous and density is same, which point will show larger gravitational acceleration? And add explanation for that.

2) Applying Bouguer correction to point A, what kind of problem would rise?

정답 및 해설

1. a
2. B
3. a
4. d
5.

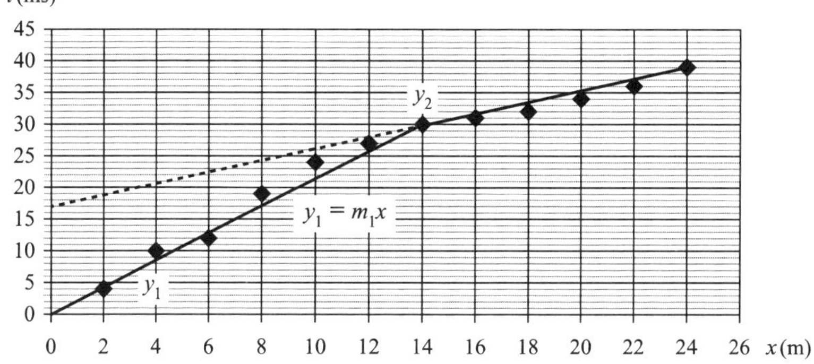

굴절파 자료를 거리-시간좌표에 점시하면 위와 같다. 이때, 나타나는 점들은 두 가지 경향을 가지므로, 이를 선으로 표시하면 선 y_1과 y_2로 나타낼 수 있다. 임계거리(X_{cr}) 전까지 직접파가 먼저 도달하므로, 선 y_1은 직접파의 속도(V_1)의 그래프, 선 y_2는 굴절파의 속도(V_2)의 그래프이다.

각 그래프의 기울기는 속도의 역수이므로,

$$y_1 = m_1 x \qquad m_1 = \frac{1}{V_1} = 2.14,\ m_2 = \frac{1}{V_2} = 0.9$$

따라서 $V_1 = 0.46$(m/ms), $V_2 = 1.11$(m/ms). 이제, h_1을 구하기 위해서 보기의 공식을 응용하면

$$h_1 = \frac{t\,V_1\,V_2}{2\sqrt{(V_2^2 - V_1^2)}}$$

이다. (단, $x = 0$인 시간절편을 이용한다.)

$$V_1 = 0.46(\text{m/ms}),\ V_2 = 1.11(\text{m/ms}).$$

$$\therefore h_1 = \frac{(17 \cdot 0.46 \cdot 1.11)}{2\sqrt{(1.11)^2 - (0.46)^2}} = 4.30 \text{ m}$$

6. $\log N = \alpha - M$ $\qquad$ $\text{N} = 10^{-M} \cdot 10^{\alpha}$ $\qquad$ $\dfrac{N_5}{N_7} = \dfrac{10^{-5} \cdot 10^{\alpha}}{10^{-7} \cdot 10^{\alpha}} = 10^2$

7. d

8. c

9. c

10. b

11. c

12. 1) b, 2) h, 3) i

13.

1)	2)	3)
(___) 3150 km	(○) 2 h: 51 min: 40 sec;	(___) 2 h: 55 min: 20 sec;
(○) 3920 km	(___) 2 h: 40 min: 33 sec;	(___) 3 h: 22 min: 15 sec;
(___) 4140 km	(___) 3 h: 03 min: 22 sec.	(○) 3 h: 08 min: 20 sec.

14. c

15. $\dfrac{M}{V} 4000 \text{ kg/m}^3 \quad M = 6.0 \cdot 10^{24} \text{ kg}$

$$V = \frac{4}{3}\pi R^3 \Rightarrow \frac{M}{\frac{4}{3}\pi R^3} = 4000 \text{ kg/m}^3$$

$$\Rightarrow \frac{4}{3}\pi R^3 = \frac{M}{4000} \text{ m}^3 \Rightarrow R^3 = \frac{\frac{3}{4}M}{4000 \cdot \pi}$$

$$\Rightarrow R = \left(\frac{\frac{3}{4}M}{4000} \cdot \pi\right)^{1/3} = \left(\frac{0.75 \cdot 6 \cdot 10^{24}}{4000 \cdot \pi}\right) = 7.1 \cdot 10^6 \text{ m} = 7{,}100 \text{ km}$$

16. A. i_S (reflected S) $\qquad$ A. $i_S = 16.7°$

B. i_P (reflected P) $\qquad$ B. $i_P = 30.0°$

C. r_P (reflected S) $\qquad$ C. $r_S = 24.4°$

D. r_P (reflected P) $\qquad$ D. $r_P = 45.4°$

17. 1) What is the velocity of the first layer? $v_1 = 0.0005^{-1} = 2000 \text{ m/s}$

2) What is the velocity of the second layer? $v_2 = 0.0003333^{-1} = 3000 \text{ m/s}$

3) What is the velocity of third layer? $v_3 = 0.00002^{-1} = 5000 \text{ m/s}$

4) What is the thickness of the first layer?

$T_{12} = 0.02 \text{ s}$, and the thickness of the second layer is given by

$$z_1 = \frac{T_{12}}{2}\frac{V_2 V_1}{\sqrt{V_2^2 - V_1^2}}$$

so $z_1 = 26.8$ m

5) What is the thickness of the second layer?

$$z_2 = \frac{1}{2}\left(T_{13} - 2z_1\frac{\sqrt{V_3^2 - V_1^2}}{V_3 V_1}\right)\frac{V_3 V_2}{\sqrt{V_3^2 - V_2^2}}$$

so $z_2 = 10.2$ m

18. Free−air correction is applied to consider the reduction of gravitational acceleration according to the height. The height means the distance from center of the Earth to the observing point. Distance to equator is farther than pole region, and it means the radius is longer in equator than pole, and this means the effect of correction lessens. That is, the gravitational acceleration at the sea level is given as $g_o = GM/R^2$, and the gravitational acceleration at height h(m) from the sea level is given by

$$g_h = GM/(R+h)^2 = (GM/R^2)(1-(2h/R)+----).$$

Then difference between two values is, $\delta_{gF} = g_o - g_h = 2g_o h/R$

19. 1) Point A will show smaller gravitational acceleration. A is deficient in mass compared to point B.

2) Bouguer correction is the adjustment to a measurement of gravitational acceleration to account for elevation and the density of rock between the measurement station and a reference level. For the adjustment, cylindrical shape below the observing point is virtually assumed, and its effect is calculated. But in the case of point A, the terrain near the observing point is so sharp and this makes the calculation erratic.

국제지구과학올림피아드(IESO)

유체 지구과학 기권 분야 기출문제

1. 다음 중 대기권을 구분하는 용어가 아닌 것을 1개 고르시오.

a) 열권　　b) 전리권　　c) 빙설권

d) 비균질권　　e) 균질권

2. 다음 중 대기의 전기성에 대한 설명으로 옳은 것은?

a) 번개는 항상 구름에서 땅으로 친다.

b) 구름 입자는 항상 음전하(−)로 충전된다.

c) 번개는 때때로 구름 꼭대기에서 전리권으로 친다.

d) 전기 전하(+와 −)는 뇌운 내에서 고르게 분포한다.

e) 위의 모든 설명이 옳다.

3. 다음 물음에 답하시오.

1) 1013 hPa 지점에서 공기덩어리의 온도와 상대습도는 각각 300 °C와 53.65 %이다. 열대 지역에서 건조단열감율이 100 °C/km로 주어질 때, 응결고도를 계산하시오.

온도(°C)	건조공기의 수증기량(g/kg)
50	88.12
40	49.81
30	27.69
20	14.85
10	7.76
0	3.84

2) 산사면을 공기덩어리가 올라갈 때 해발고도 2,539 m 지점의 온도는 얼마인가? [단, 열대지역의 습윤(포화)단열감율이 6.50 °C/km이다.]

3) 1013 hPa 지점에서의 공기덩어리가 해발고도가 3,308 m인 산을 통과하여 산지 반대편에 도달했을 때의 온도와 상대습도를 구하시오.

4. 인도네시아 서부 칼리만탄 폰티아낙(Pontianak)에 있는 Equator Monument에서 풍속의 평균값은 20 m/s이다. 만일 가까이에 있는 두 지점의 기압차이가 8 hPa이고 거리가 800 km, 공기의 밀도가 0.364 kg/m^{3}이면 그 지점에서의 전향력은?

a) 0.02 ms^{-2}
b) 1.37×10^{-4} ms^{-2}
c) 0 ms^{-2}
d) 1.37×10^{-6} ms^{-2}
e) 1.37 ms^{-2}

5. 그림은 성숙단계의 저기압 파동을 나타낸 것이다. 비가 가장 적고 구름이 낀 지점을 아래에서 고르시오.

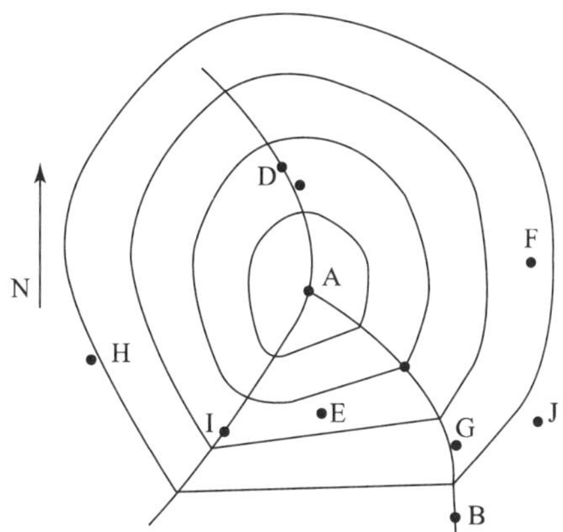

6. 행성와도 f » 10^{-4} s^{-1}인 한 지점에서 서쪽으로 부는 5 ms^{-1}인 지균풍이 관측되었다. 이 지균풍에 해당하는 기압경도력은 얼마인가?

a) 5×10^{-4} ms^{-2}
b) 0.005 ms^{-2}
c) −0.00005 ms^{-2}
d) -5×10^{-4} ms^{-2}
e) 0.00005 ms^{-2}

7. 인도네시아의 Maritime Continent 내의 Ramage는 몬순지역이다. 인도네시아의 서풍 몬순기간(12월~3월)에 필리핀 정남(남쪽)에 위치한 상기에 타라우드 섬(Sangihe Talaud Islands) (5030´23´´ N, 126034´35´´ E)에서의 주된 풍향은 대체로 __________이다.

a) 서풍
b) 동풍
c) 남풍
d) 북동풍
e) 남서풍

8. 아래 그림에서 보여지는 3개의 공기덩어리 A, B, C가 5 km, 15 km, 30 km의 고도에 놓여있다. 만일 각 위치에서의 공기덩어리가 순간적으로 수직적으로 강제 상승된 후의 공기덩어리의 상하 운동은 어떻게 변화되는지 각각 예측하여 기술하시오.

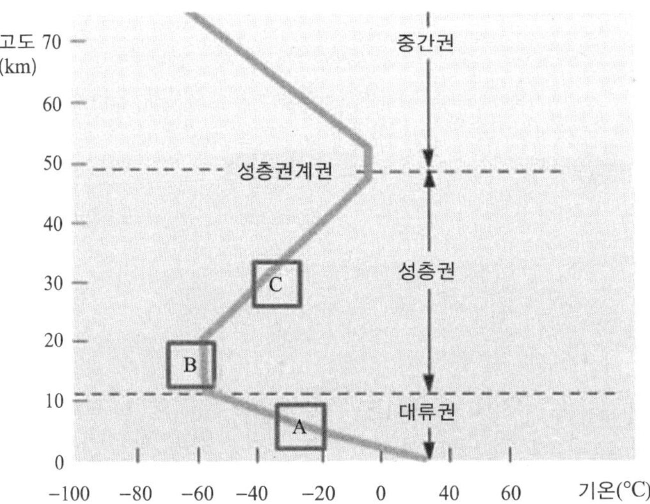

※ 다음 기호를 사용하여 답하시오.

▲ : 계속 상승

┬ : 이동된 고도에 머무름

↕ : 처음 고도와 이동된 고도 사이를 진동함

공기덩어리	예측되는 변화
A	
B	
C	

9. 온실기체는 가시광선은 투과하나 적외선은 투과하지 않는다. 강제 복사 때문에 일련의 기체는 복사력에 차이가 나타난다. 다음 중 온실효과가 큰 기체 순으로 나열한 것은?

a) CO_2, CH_4, H_2O, NO_2 b) H_2O, CH_4, CO_2, NO_2

c) H_2O, CO_2, CH_4, NO_2 d) CO_2, H_2O, NO_2, CH_4

e) 정답 없음

10. 일반적으로 기상 조건이 일정하다고 가정할 때, 만약 여러분이 지금으로부터 25분 후의 일기 예보를 한다면, 여러분은 ________________예보를 하게 될 것이다.

a) 연속적 예보(persistence forecasting)

b) 통계적 예보(statistical forecasting)

c) 역사적 예보(historical forecasting)

d) 수치 예보(numerical forecasting)

e) 종관 예보(synoptic forecasting)

11. 아래 그림은 온도, 분자결합과 전기특성에 의한 대기권의 평균구조를 나타낸 것이다(active sun은 태양의 활동이 강한 때, average sun은 평균상태를 나타냄). 그림 안의 상자에 다음의 보기를 하나씩 채우시오.

Ⅰ. Homosphere(균질권)	Ⅱ. Heterosphere(비균질권)	Ⅲ. Ionosphere(전리층)
Ⅳ. Exosphere(외기권)	Ⅴ. Troposphere(대기권)	Ⅵ. Stratosphere(성층권)
Ⅶ. Thermosphere(열권)	Ⅷ. Mesosphere(중간권)	

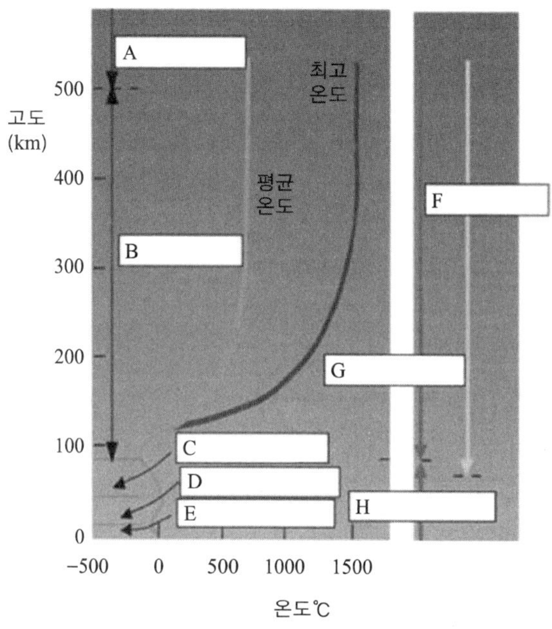

12. 다음은 서로 다른 지표조건, 밤/낮의 조건에 따른 지표에너지 수지를 나타낸 것이다. 다음 물음에 답하시오.

Q* = net radiation(순 복사) LE = latent heat flux(잠열속) H = sensible heat flux(현열속) G = soil heat flux(토양열속)

세 가지 경우의 표면상태에 대하여 올바르게 설명한 것을 고르시오[1~3의 문제에 대하여 a~d 중 하나를 고르시오].

1) 1번 그래프

a) 낮 – 습윤 표면

b) 밤 – 습윤 표면

c) 낮 – 건조 표면

d) 밤 – 건조 표면

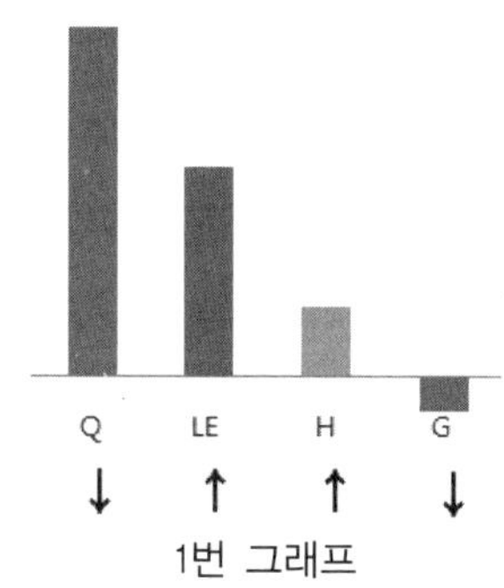

1번 그래프

2) 2번 그래프

a) 낮 – 습윤 표면
b) 밤 – 습윤 표면
c) 낮 – 건조 표면
d) 밤 – 건조 표면

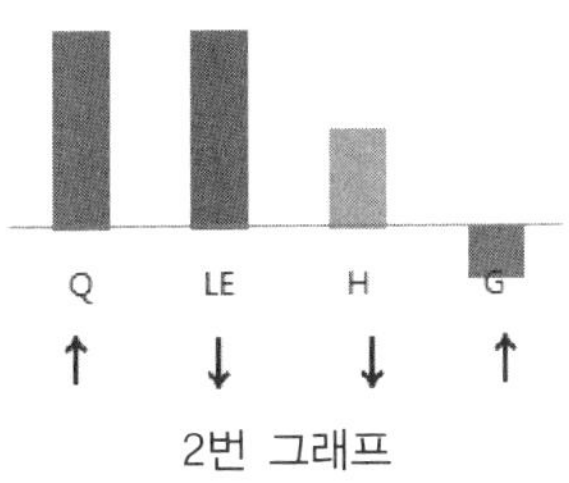

2번 그래프

3) 3번 그래프

a) 낮 – 습윤 표면
b) 밤 – 습윤 표면
c) 밤 – 건조 표면
d) 낮 – 건조 표면

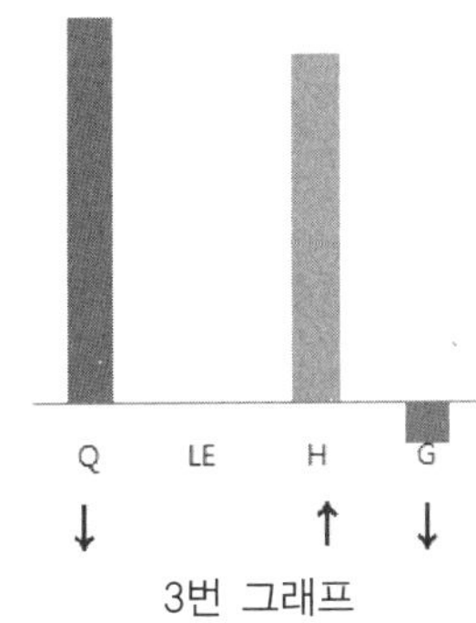

3번 그래프

13. 태양 복사 중 자외선 같은 초단파를 흡수하는 것은(두 종류의 가스)?

a) molecular oxygen (산소)
b) ozone (오존)
c) carbon dioxide (이산화탄소)
d) water vapour (수증기)
e) nitrogen (질소)

14. 왼쪽은 지표의 상태(피복), 오른쪽은 반사도를 나타낸 것이다. 왼쪽 보기에 해당되는 것을 오른쪽 보기에서 찾아 선으로 연결하시오.

Fresh snow(눈)	0~10 %
Soil(흙)	22~35 %
Water(물)	80~90 %
Crops (농작물)	18~23 %

15. 아래 그림은 서로 다른 네 종류의 구름을 나타낸 것이다. 이름을 바르게 나타낸 것을 찾아 선으로 연결하시오.

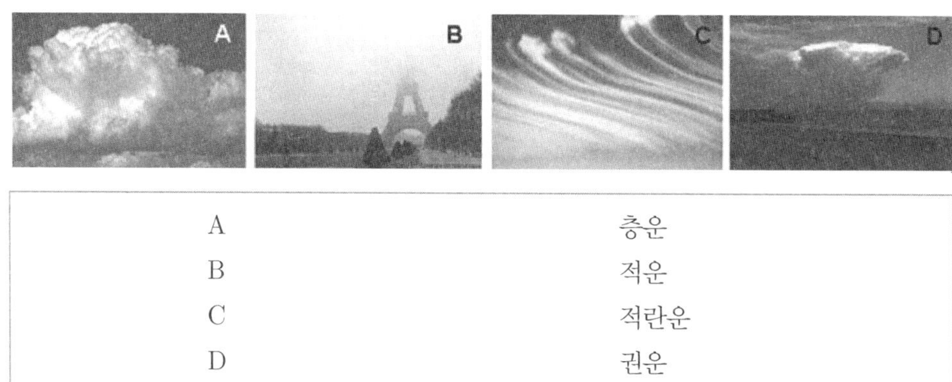

A	층운
B	적운
C	적란운
D	권운

16. 지균풍에 대한 마찰의 영향을 바르게 나타낸 것은?

a) 북반구에서 바람이 등압선으로부터 고기압 쪽으로 어느 정도 각도를 이루게 된다.

b) 북반구와 남반구 모두에서 바람이 등압선으로부터 저기압 쪽으로 어느 정도 각도를 이루게 된다.

c) 남반구에서 바람이 등압선으로부터 고기압 쪽으로 어느 정도 각도를 이루게 된다.

d) 북반구와 남반구 모두에서 바람이 등압선으로부터 고기압 쪽으로 어느 정도 각도를 이루게 된다.

17. 어떤 비행기가 QFE가 960 hPa인 지점 A(고도 1700 ft)를 이륙한다. 이륙 당시 고도계는 reset하지 않은(즉, 영점으로 맞추지 않은) 상태로 두었다. B지점에 착륙할 때 QNH가 1005 hPa이었다면, 고도계의 눈금은 얼마를 기록하고 있겠는가?
(단, 1 hPa = 27 ft, QNH은 해면 기압, QFE는 지표면 기압)

a) 1700 ft　　b) 1000 ft

c) 1485 ft　　d) 2700 ft

18. 온난전선에 관련된 대기현상을 고르시오.

a) 강수를 동반하지 않는 고층운

b) 적운과 적란운

c) 구름 없음

d) 고층운, 중층운, 층운, 적은 강수량 또는 중간 정도의 강수량

19. 대기대순환 모델에 의하면 북반구에서 적도 지역의 상층에서는 어떤 풍향의 바람이 부는가?

a) From SW

b) From S

c) From W

d) From SE

20. 만일 지구의 자전속도가 증가한다면 일어날 수 있는 현상으로 가장 적절한 것은?

a) 순환세포의 수가 증가한다.

b) 순환세포의 수가 감소한다.

c) 순환세포의 수는 변하지 않는다.

21. 다음 〈그래프 1〉은 하와이 마우나로아 지방의 대기 중 이산화탄소 농도를 나타낸다. 다음 보기 중에서 이산화탄소의 증가의 원인으로 타당한 것을 고르시오.

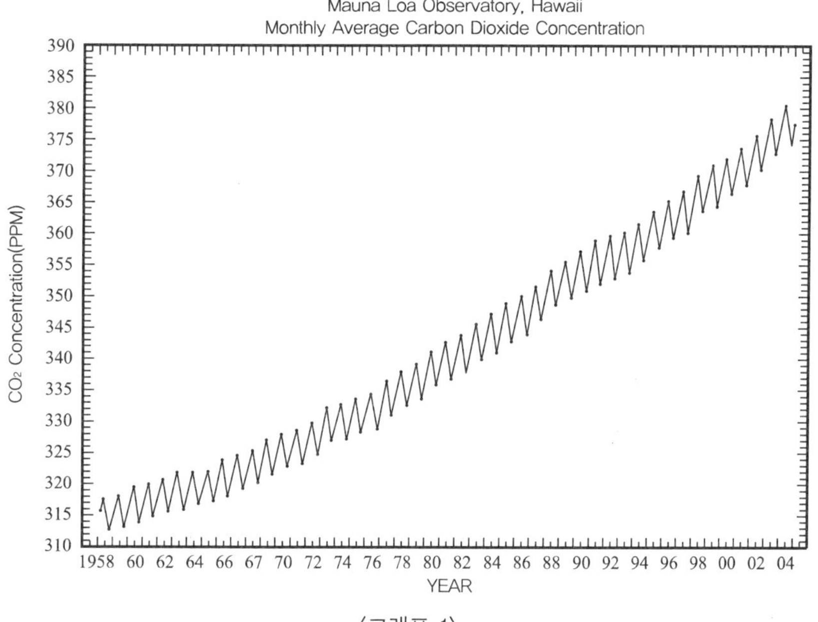

〈그래프 1〉

a) 화산활동으로 인하여 고체지구로부터 대기권으로의 이산화탄소 이동

b) 침식활동으로 인하여 고체지구로부터 수권 및 대기권으로의 이산화탄소 이동

c) 생물계의 호흡으로 인하여 생물권으로부터 수권 및 대기권으로의 이산화탄소 이동

d) 확산에 의한 수권으로부터 대기권으로의 이산화탄소 이동
e) 인간활동에 의한 고체지구 및 생물권으로부터 대기권으로의 이산화탄소 이동
f) 지구온난화에 의한 고체지구 및 수권으로부터 대기권으로의 이산화탄소 이동

22. 다음 〈그래프 2〉는 대기 중 이산화탄소의 연간 농도 변화를 나타낸 것이다. 농도 변화는 10월에 최저를 6월에 최고를 보인다. 그 이유는?

a) 여름과 겨울철의 화석연료 소비량의 차이에 의해 고체지구로부터 대기권으로 방출되는 이산화탄소 양의 증가
b) 대기권과 수권 사이의 온도차에 의하여 이산화탄소의 교환이 이루어지는데, 그 양이 여름과 겨울에 달라지기 때문에
c) 대기권과 수권의 이산화탄소 교환의 양이 바람의 속도와 방향에 따라 달라지기 때문에
d) 광합성 활동의 변화에 의한 생물권과 대기권 사이의 이산화탄소 교환
e) 산불에 의한 대기권과 생물권 사이의 이산화탄소 교환
f) 퇴적률의 변화에 의한 고체지구와 대기권 사이의 이산화탄소 교환량의 변화

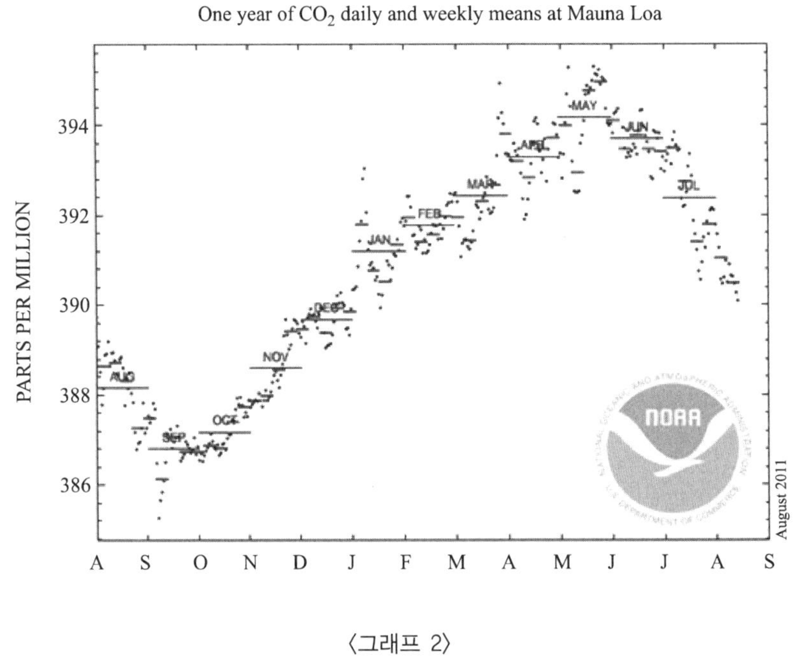

〈그래프 2〉

23. 많은 과학자들은 대기 중의 이산화탄소 농도의 증가가 지구온난화의 주원인이라고 결론을 내렸다. 대기 이산화탄소 농도의 측정 결과를 보면 대기 중 이산화탄소의 일부는 바다로 흡수되는 것으로 보인다. 만일 대기 중의 이산화탄소 농도가 증가한다면 그 결과 나타날 수 있는 현상으로 옳다고 생각하는 것을 각 문장에서 골라 ○표하시오.

1) 수권

a) 해수 pH의 증가/감소
b) 해수 온도의 증가/감소
c) 북극 해빙의 증가/감소
d) 대양의 이산화탄소 흡수능력 증가/감소

2) 생물권

e) 탄산염 골격 유기 생명체의 양이 증가/감소
f) 해수 온도의 변화에 따라 해양 생물의 분포가 변할 것이다.
g) 물의 pH가 변하면 산호초가 증가/감소할 것이다.

3) 지권

h) 해수온도의 변화가 해저산맥의 화산활동에 영향을 미칠 것이다.
i) 해수 pH의 변화는 대륙붕의 석회암 퇴적률을 증가/감소 시킬 것이다.
j) 해수 pH의 변화는 탄화칼슘 보상심도 아래 석회암 퇴적률을 증가/감소 시킬 것이다.

24. 아래 위성구름사진에 대한 정확한 설명을 고르시오.

a) 구름대는 북반구의 한랭공기와 남반구의 온난공기가 만나는 적도 상에서 형성된다.
b) 북반구의 여름 동안, 이런 구름대의 평균 위치는 적도의 북쪽이다.
c) 이 구름대는 고기압과 관련된다.
d) 이 구름대는 편서풍이라 불리는 바람의 합류지점(바람이 모이는 곳)에서 형성된다.
e) 이 구름대는 상층 대기가 하강하는 지점에서 형성된다.

25. 제트류에 대한 설명 중 잘못된 것은?

a) 대류권계면 높이의 급격한 변동은 제트류 위치에 대한 정보를 준다.
b) 수증기(WV)영상에서 검은 색의 띠는 제트류 위치에 대한 정보를 준다.
c) 제트류는 제트류 핵이라 불리는 최대 속력지역을 가진다.
d) 300 hPa 일기도는 제트류의 위치에 관한 정보를 주지 못한다.

26. 주어진 그림은 한반도 상공의 500 hPa 등압면 일기도로서 지오퍼텐셜 고도의 분포를 표시한 것이다.
이 일기도를 이용하여 아래 설명 중 타당한 모두를 고르시오.

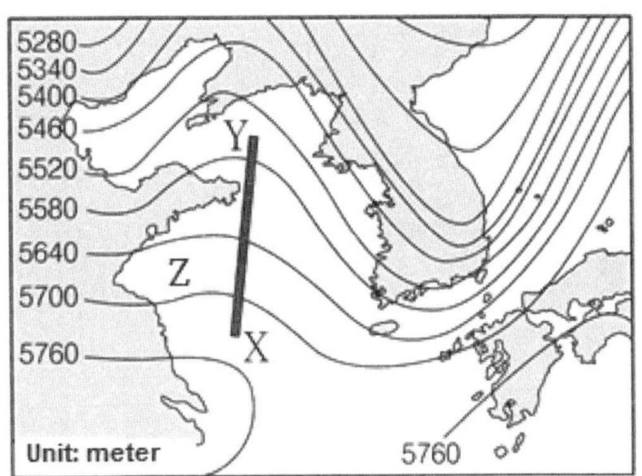

> Ⅰ. 기압경도력은 X점에서 Y점 쪽으로 작동한다.
> Ⅱ. Z점에서 바람은 서쪽에서 동쪽으로 분다.
> Ⅲ. 500 hPa 등압면 일기도에서 경사가 가장 큰 곳이 기압경도력이 가장 큰 곳이다.

a) Ⅰ　　b) Ⅱ　　c) Ⅲ
d) Ⅱ, Ⅲ　　e) Ⅰ, Ⅱ　　f) Ⅰ, Ⅲ
g) Ⅰ, Ⅱ, Ⅲ

27. 안데스 산맥 서쪽에 위치한 남아메리카의 서해안은 우림이 존재하지만 그에 반해 산맥의 동쪽에는 사막(파타고니아 사막)이 나타나는 특성을 가진다. 이 지역의 바람의 대부분이 서풍계열이라면, 이런 식생의 분포를 어떻게 설명할 것인가?

a) 안데스 산맥에는 많은 활화산들이 있어 많은 재들이 강수를 많이 이루기 때문이다.
b) 지형 효과 때문이다.
c) 문순 강우 때문이다.
d) 빙하 용융 때문에 많은 물이 있기 때문이다.

28. 적도 부근의 대기권에 대한 설명이 맞는 것을 하나 고르면?

a) 한랭전선과 온난전선이 확실한 강우원이다.
b) 일변동이 중요하지 않다.
c) 태풍이 보통 적도에서 발달한다.
d) 적도 상공의 대류권계면의 온도는 중위도 지역 상공의 대류권계면의 온도보다 더 한랭하다.
e) 기압경도가 날씨분석에 중요하다.

29. 아래의 그림들은 1월과 7월 연 평균 지상기압의 지구분포를 나타낸 것이다.

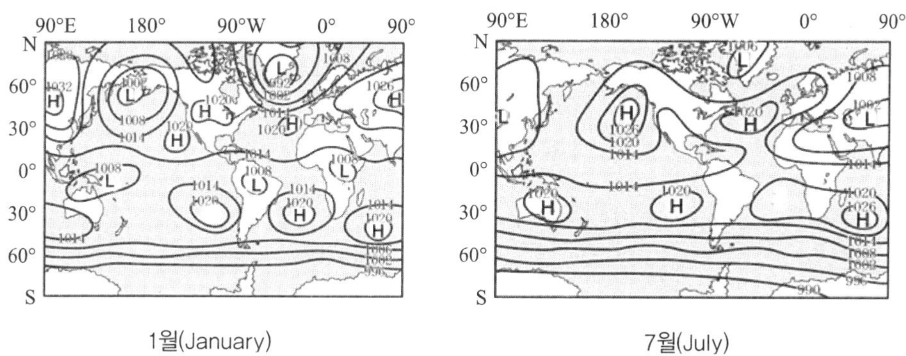

1월(January) 7월(July)

주어진 그림들을 이용하여 바르게 설명한 것을 고르면?

a) 북반구 겨울(1월)에서, 고기압은 대륙 상에서 발달한다.
b) 1월에 고기압이 발달하는 곳은 남반구의 대륙 상이다.
c) 평균 지상기압은 남반구와 비교할 때 북반구에는 겨울과 여름 사이 차이가 적다.

30. 다음의 설명과 일치되는 기체를 아래쪽에서 고르시오.

> Ⅰ. 공간과 시간 변동이 가장 크게 일어나고 국지날씨에 크게 영향을 미치는 기체는 무엇인가?
> Ⅱ. 지구 대기권의 주요 성분 중 가장 큰 비율을 차지하고 있는 기체는 무엇인가?
> Ⅲ. 온실효과에 가장 크게 기여하는 기체는?
> Ⅳ. 인공적인 농도 변화가 기후변화에 가장 크게 기여하는 기체는?

A. CO_2	B. CO	C. H_2O	D. He	E. N_2

31. 구름들은 여러 형태로 구분된다. 렌즈모양 고적운은 어느 형태에 속하는가?

a) 상층 구름　　b) 중층 구름
c) 하층 구름　　d) 층운형 구름
e) 권운형 구름

[32～33] 주어진 그림은 평균해수면에서부터 50 km 상공까지 평균 기압의 연직 분포(프로파일)를 나타낸 것이다. 아래 물음에 답하시오.

32. "기압"이란 용어를 바르게 정의한 것은?

a) 단위 체적당 무게이다.
b) 단위 면적당 질량이다.
c) 밀도에 온도를 곱한 것이다.
d) 온도에 질량을 곱한 것이다.
e) 단위 면적당 힘이다.

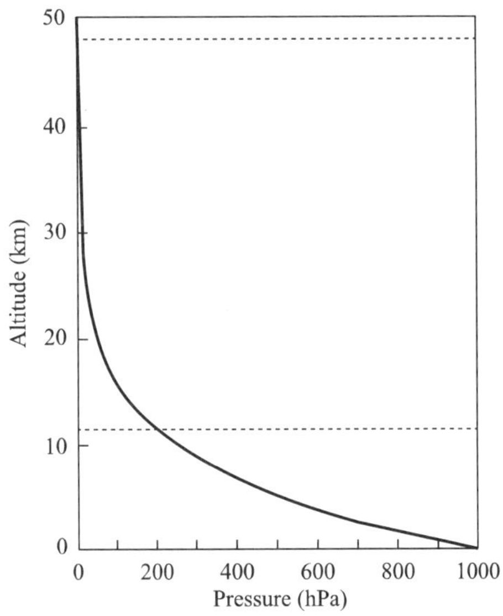

33. 가장 두꺼운 층은 어느 곳인가?

a) 101～110 hPa
b) 501～510 hPa
c) 701～710 hPa
d) 1001～1010 hPa

34. 다음 진술 중 옳은 것을 모두 고른 것은?

Ⅰ. 1 km 이상 상공의 바람들은 일반적으로 등압선과 평행하게 분다.
Ⅱ. 온난 전선이 접근하면 반드시 비가 내린다.
Ⅲ. 한랭전선과 온난전선 뒤에는, 북서풍과 남동풍이 각각 불 것이다.
Ⅳ. 전선들은 북쪽으로 이동할 것으로 예상된다.
Ⅴ. 한랭전선 바로 뒤에서의 풍속은 전선의 이동 속도가 거의 동일하다.

a) Ⅰ, Ⅱ　b) Ⅱ, Ⅳ　c) Ⅰ, Ⅲ
d) Ⅰ, Ⅳ　e) Ⅰ, Ⅴ　f) Ⅲ, Ⅴ
g) Ⅳ, Ⅴ　h) Ⅲ, Ⅳ

35. 지구 대기권의 질량 중심은 어디에 있는가?

a) 지구의 표면과 대기권의 외부 경계 사이의 중간보다 약간 낮은 곳에 있다.
b) 지구의 표면 부근에 있다.
c) 지구의 외부 경계에 있다.
d) 지구의 중심 부근에 있다.
e) 답 없음.

36. 대기 중의 수증기는 기온이 감소함에 따라서 감소한다. 만약 대기가 냉각되더라도 대기 중의 수증기가 일정하게 그 양이 보존된다면 이슬점에 도달하게 될 것이다. 이슬점은 수증기 분압과 포화수증기압이 같아져서 수증기가 포화되는 곳이다. 만약 대기가 더 냉각된다면, 주어진 온도에서 수증기분압이 다시 포화수증기압과 동일하게 될 때까지 수증기는 액체 상태로 응결한다. 실내 공기온도가 26 °C인 기상실험실에서, 한 기상학자가 차가운 물을 서서히 캔의 표면에 부으면서 금속 캔을 냉각시키고 있다고 가정한다. 캔의 온도가 16.0 °C에 도달할 때, 캔의 바깥 표면에 작은 물방울이 맺혔다. 실내 공기 온도가 26 °C일 때의 상대습도는? (계산과정을 보이시오)

온도 (°C)	포화수증기압 (×103Pa)
10.0	1.23
12.0	1.40
14.0	1.60
16.0	1.81
18.0	2.06
20.0	2.34
22.0	2.65
24.0	2.99
26.0	3.36
28.0	3.78
30.0	4.24

37. 그림에 나타난 구름들의 모양을 보고 바르게 설명한 것은?

a) 이들 구름들은 연직 바람 시어와 연관된다.
b) 이들 구름들은 제트비행기(비행운)의 통과에 의해서 형성된다.
c) 이들 구름들은 뇌우 구름이다.
d) 이들 구름들은 지진의 전조이다.
e) 이들 구름들은 구름 줄이다.

38. 정압 대기에서 높이에 따른 기압 변화는 정역학 방정식 $D_p = rgD_z$에 따른다. 여기서 g는 중력가속도(g = 9.81 m/s^2), r는 공기밀도(kg/m^3), D_p는 기압차이(Pa; pascal) and D_z는 높이 차이다. 1000 hPa과 500 hPa 사이의 평균 공기밀도가 0.910 kg/m^{3}라고 할 때, 해수면 평균 기압을 1000 hPa로 가정하여 500 hPa 고도의 높이를 계산하시오(계산 과정을 보이시오).

39. 기상 관측은 대기 과학의 기초이다. 관측은 여러 가지 방법으로 이루어진다. 기본적으로 일기 예보의 정보를 제공하는 관측들은 '종관'이라 한다. 종관적 관측은 보다 빈번하고 상세하게 이루어진다. 그리고 관측 값은 부호화되어 즉시 예보 센터로 보내진다. A, B, C, D, E로 표시된 백엽상 안팎의 모든 기기를 검사하시오. 그리고 관측 기기에 해당하는 기상 측정 요소(Parmeters to measure)를 아래의 표에 표시하시오.

기상 측정 요소 (Parameters to measure)	관측기기				
	A	B	C	D	E
기온					
풍속					
풍향					
순복사(Net Radiation)					
강수량					
상대습도					
기압					

40.

[준비물]

- 온도가 5 °C인 300 g/L 농도를 가진 소금물
- 온도가 50 °C인 뜨거운 물
- 큰 비커
- 플라스틱 필름(아래의 차가운 소금물의 윗부분과 섞이지 않고 뜨거운 설탕물을 조심스럽게 붓기 위해서 사용하는 것으로 물을 부은 후 조심스럽게 제거시키도록 함)
- 실내온도에서 색깔을 넣은 미지근한 물로 채워진 작은 병
- 작은 병을 부착시키는데 필요한 철사: 비커 안의 밑바닥에 작은 병을 내려 놓는데 사용함.

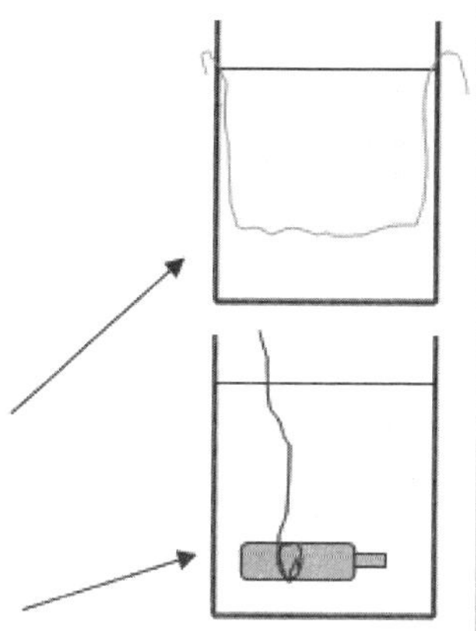

[실험순서]

Ⅰ. 비커의 중간 정도까지 차가운 소금을 붓는다.

Ⅱ. 플라스틱 필름으로 소금물 위를 그림과 같이 덮는다.

Ⅲ. 필름으로 덮인 소금물과 섞이지 않도록 조심스럽게 뜨거운 물을 붓는다.

Ⅳ. 난류가 일어나지 않도록 필름을 천천히 잡아당겨 제거시킨다.

Ⅴ. 철사를 사용하여 비커의 밑바닥에 색깔을 띠는 미지근한 물로 채워진 작은 병을 놓은 다음 천천히 기울여 물이 빠져 나오도록 한다.

1) 비커 내에서 관찰한 것으로 가장 설명이 잘되게 그려진 것은?

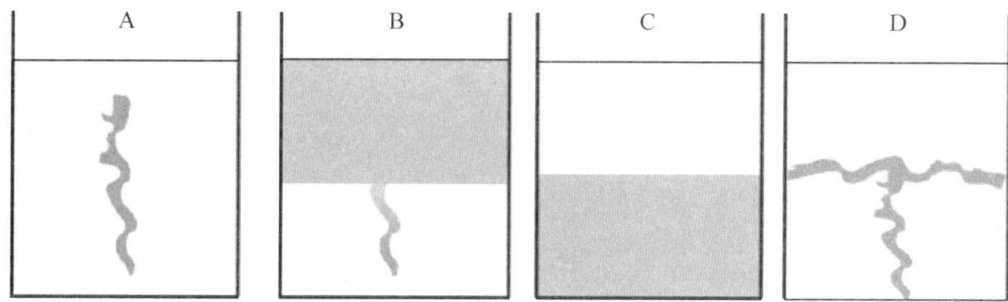

2) 세 가지 물 중에서 밀도가 큰 순서로 나타낸 것은?
(HF : 뜨거운 물, CS : 차가운 소금물, TF : 색을 띠는 미지근한 물)

a) density CS > density HF > density TF

b) density HF > density CS > density TF

c) density TF > density CS > density HF

d) density CS > density TF > density HF

41. 대기오염이 있을 때, 역전층은 문제를 일으킬 수 있다. 겨울철인 경우, 오염을 일으키는 공장이 있는 계곡을 고려하고자 한다.

1) 아래에 제시된 온도의 연직 분포와 관련되는 시각(낮 또는 밤)과 날씨조건(흐림, 맑음, 청명)을 골라 작은 네모 속에 A, B. C 중 하나를 써 넣으시오.

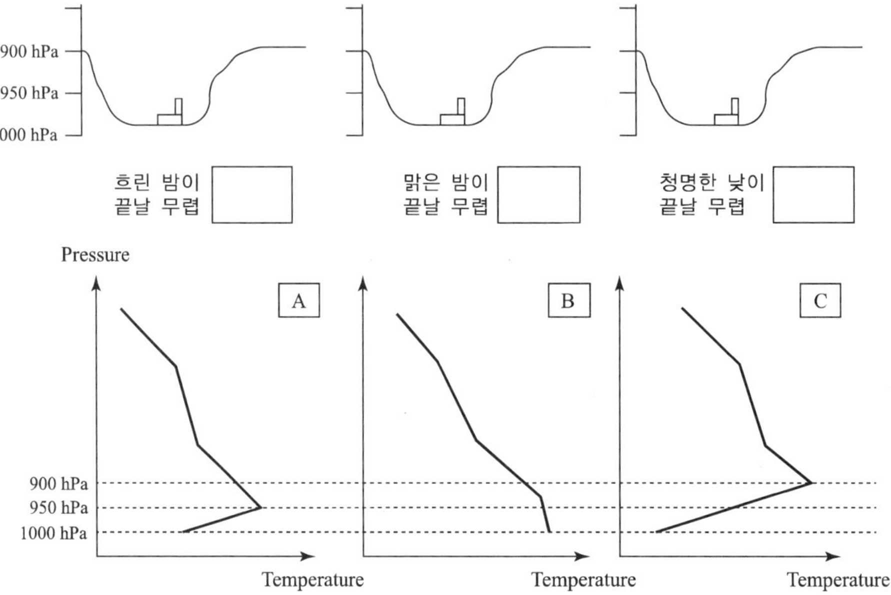

2) 위의 그림(답을 적은 그림)에서 오염된 층이 있는 경우만 그 높이를 가로 선으로 표시하시오.

42. 에마그램(스큐티-로그피)은 공기 덩이가 위로 또는 아래로 움직일 때 공기 덩이의 상태가 어떻게 변화하는지를 예측하게 하는 열역학선도이다. 이 열역학선도에서 특히 주목할 점은 등온선이 오른쪽으로 45° 기울어져 있고, 기압이 세로축으로 되어 있다는 것이다. 안데스 산맥에서 불어오는 아르헨티나의 유명한 바람인 존다(푄) 바람에 대해서 이 열역학선도를 적용하고자 한다.
칠레 방향의 태평양으로부터 도달하는 습윤한 공기 덩이를 고려하고자 한다. 200 m 고도(A점)에서, 기압은 1,000 hPa이다. 이 높이에서 공기 덩이의 온도는 15 °C이고 혼합비는 6 g/kg이다. 아래 물음에 답하시오.

1) 에마그램 상에 A점을 표시하시오. A점에서 이슬점온도(DA)를 표시하고 그 값을 아래에 적으시오.

2) 에마그램 상에 비가 내리기 시작하는 B점의 고도와 온도를 에마그램을 사용하여 계산하여 에마그램 상에 표시하고 A점에서 B점까지의 경로를 에마그램 상에 그려 넣으시오.

3) C점인 750 hPa 고도까지 도달하는 공기 덩이의 온도를 에마그램을 사용하여 계산하고 에마그램 상에 B점과 C점 사이의 경로를 그려 넣으시오.

4) D점에서의 공기 덩이의 온도와 혼합비를 계산하고 에마그램 상에 C점과 D점 사이의 경로를 그려 넣으시오. D점에서 계산된 공기 덩이의 온도와 혼합비를 아래에 써 넣으시오.

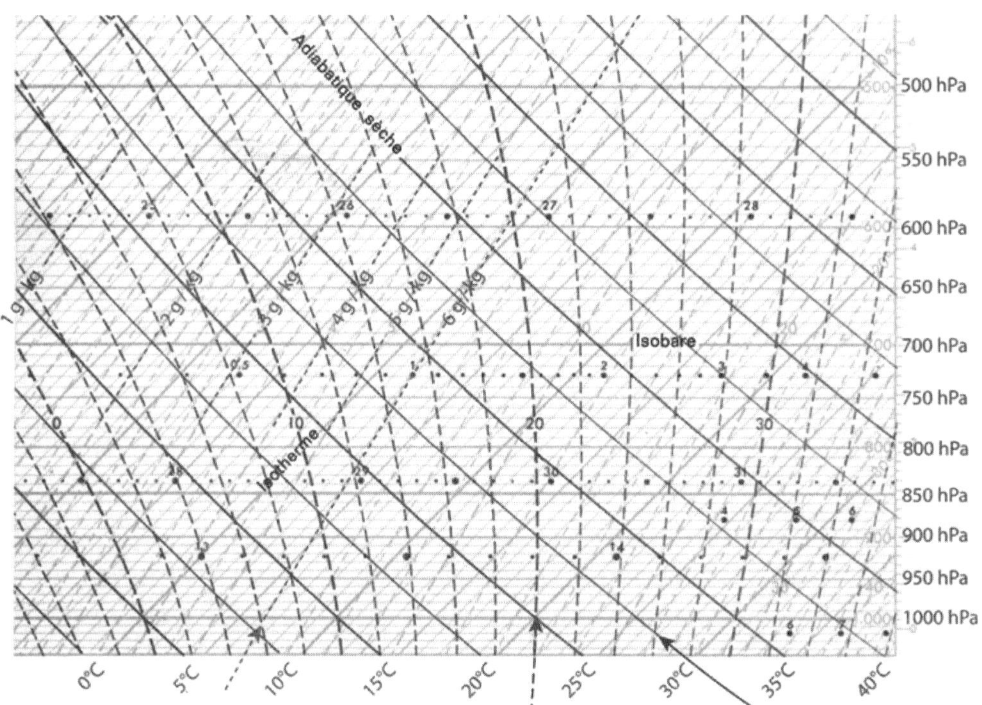

5) 아르헨티나에 부는 존다 바람에 대한 설명이 옳은 것은?

a) 온난하고 습윤하다. b) 한랭하고 습윤하다.

c) 온난하고 건조하다. d) 한랭하고 건조하다.

정답 및 해설

1. c
2. c
3. 1) 공기덩어리의 온도가 30 °C이므로 포화혼합비는 27.69 g/kg 상대습도가 53.65 %이므로 공기덩어리의 혼합비는 약 14.86 g/kg이다. 따라서 공기덩어리의 온도가 20 °C가 되면 응결되므로 응결고도는 1 km이다(단, 1013 hPa 지점이 지표면이라 가정함).
   2) 1 km, 즉 1000 m부터는 응결되므로 습윤단열감률을 따른다. 따라서 해발고도 2,539 m에서의 온도는 약 10 °C이다.
   3) 산꼭대기에서의 온도를 계산해보면 약 5 °C이다. 5 °C에서의 포화혼합비를 0 °C와 10 °C의 중간으로 어림하면 5.80 g/kg이다. 산꼭대기에서 공기덩어리는 포화상태이므로 혼합비는 5.80 g/kg이다. 공기덩어리가 해발고도 3,308 m 높이에서 지표로 하강하면 건조단열감률을 따르므로 공기덩어리의 온도는 약 38 °C이다. 이때 포화혼합비를 마찬가지로 어림하여 구하면 45.386 g/kg이므로 산을 타고 내려온 공기덩어리의 상대습도는 약 12.78 %이다.
4. c 적도니까 전향력은 $0\ \mathrm{ms^{-2}}$
5. B H지점, 전선이 이미 통과했으며 전선으로부터 거리가 멀다.
6. a $f = 2\Omega \sin\phi = 10^{-4}\mathrm{s^{-1}}$이므로 전향력은 $fv = 5 \times 10^{-4}\mathrm{ms^{-2}}$ 지균풍이므로 기압경도력은 전향력과 같은 $5 \times 10^{-4}\mathrm{ms^{-2}}$이다.
7. e

   필리핀 정남쪽이면 아래의 그림에서 보는 것과 같이 인도네시아를 서남쪽에 두고 있다. 서풍 몬순기간(12~3월)은 육지에서 바다쪽으로 바람이 불기 때문에 남서풍이 불가능성이 가장 크다.
8.

공기덩어리	예측되는 변화
A	▲
B	↕
C	↕

B와 C의 경우 처음 고도와 이동된 고도 사이를 진동하는 것보다는 처음 고도보다 아래(관성)에서 이동된 고도 사이를 진동한다.

9. c　H_2O, CO_2, CH_4, NO_2 단위 질량당 복사력의 차이가 있지만 대기 중에 존재하는 양에 따라 온실효과가 큰 기체는 위의 순으로 나열된다.

10. d　기상 조건이 일정하다고 가정하였으니 과거의 자료를 통해 컴퓨터로 계산한 수치 예보를 하게 된다.

11. A : Ⅳ 외기권　B : Ⅶ 열권　C : Ⅷ 중간권　D : Ⅵ 성층권
E : Ⅴ 대류권　F : Ⅲ 전리층　G : Ⅱ 비균질권　H : Ⅰ 균질권

12. 1) a　2) b　3) d

13. a, b

14. Fresh snow(눈): 80~90 %　Soil(흙): 22~35 %
Crops(농작물): 18~23 %　Water(물): 0~10 %

15. A: 적운　B: 층운　C: 권운　D: 적란운

16. b

17. c

In B the elevation is 2700 ft so:

QFE(B) = 1005 hPa − (2700/27) hPa = 1005 hPa − 100 hPa = 905 hPa

Your altimeter read zero when exposed to an ambient pressure of 960 hPa, but is now exposed to an ambient pressure of only 905 hPa:

It will read in B an elevation:

$$27 \times (960 - 905)\text{ft} = 27 \times 55 \text{ ft} = 1485 \text{ ft}$$

18. d

19. a

20. a

21. e

22. d

23. a : 감소　b : 증가　c : 감소　d : 감소　e : 감소
f : O　g : 감소　h : O　i : 감소　j : 감소

24. b

25. d

26. g

27. b

28. d

29. a

30. Ⅰ-C, Ⅱ-E, Ⅲ-C, Ⅳ-A

31. b

32. e

33. a

34. e

35. d

36. 약 54 %, $\frac{1.81}{3.36} \times 100 \fallingdotseq 54\ \%$

37. a

38. 5,600 m

$500\ \text{hPa} = 0.910\ \text{kg/m}^3 \times 9.81\ \text{m/s}^2 \times D_z$

$5.0 \times 10^4\ \text{kg} \cdot \text{m/s}^2/\text{m}^2 = 9.10\ \text{kg/m}^3 \times 9.81\ \text{m/s}^2 \times D_z$

$D_z = 5{,}600\ \text{m}$

39. <생략>

40. 1) D

뜨거운 물이 차가운 소금물보다 밀도가 작으므로 역전층이 형성된다. 이때, 미지근한 물을 넣으면 차가운 소금물이 밀도가 더 크므로 상승하다가 역전층의 경계면에서 옆으로 퍼진다. 따라서 D가 가장 적절하다.

2) d

41. 1) A – C – B

낮이 끝날 무렵에는 지표가 가열되므로 역전층이 생기지 않는다. 그러나 밤이 끝날 무렵에는 지표가 냉각되므로 역전층이 생기게 된다. 이때, 흐린 날 밤에는 구름이 온실 효과를 일으키기 때문에 맑은 날 밤의 냉각 효과가 흐린 날 밤보다 더 크다. 따라서 답은 A – C – B 순이다.

2) 공장 굴뚝은 950 hPa의 고도에 위치해 있다. 흐린 밤에는 역전층이 950 hPa 고도 이하에 위치하고 있기 때문에 공장 매연은 대부분 상공으로 날아간다. 그러나 맑은 밤에는 역전층이 900 hPa 고도까지 만들어져 있기 때문에 공장 매연이 갇혀 있게 된다. 따라서 900 hPa~950 hPa 부분에 오염된 층이 만들어진다.

42. 1)~3)

1) 서풍은 안데스 산맥의 칠레 경사면 위로 공기 덩이를 위로 밀어 올린다. 이 공기 움직임은 주변 공기와 열 교환없이 단열적으로 일어나고 기압이 감소함에 따라서 냉각된다고 생각한다. 어떤 점(B점)에서, 공기 덩이는 포화에 도달하고 비가 내리기 시작할 것이다.

2) 포화된 공기 덩이는 안데스 산맥의 정상인 2500 m(750 hPa)(C점)까지 계속해서 움직일 것이다.

3) 정상에 도달한 공기 덩이는 안데스 산맥의 아르헨티나 경사면을 따라 200 m(1000 hPa)(D점)까지 내려오게 된다.

4)

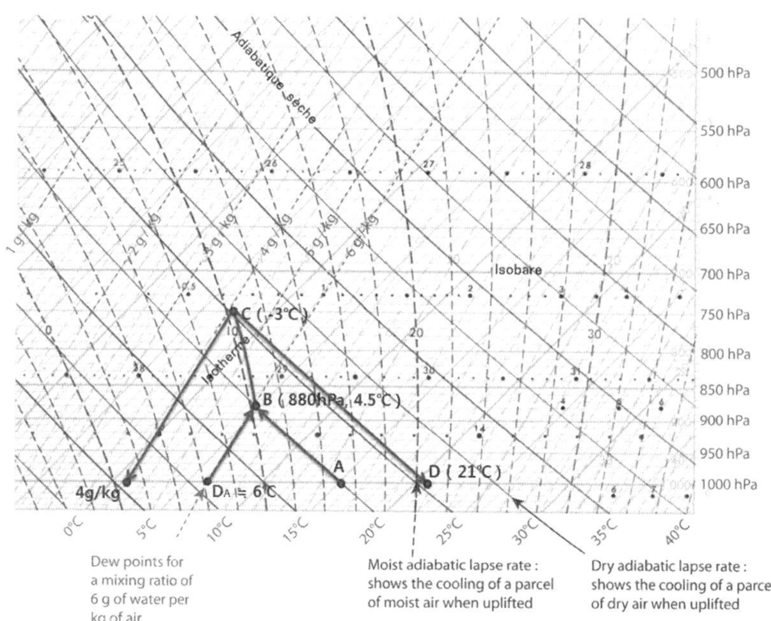

Adiabatique_sèche
500 hPa
550 hPa
600 hPa
650 hPa
700 hPa
750 hPa
800 hPa
850 hPa
900 hPa
950 hPa
1000 hPa
Isobare
Isotherme
1 g/kg
2 g/kg
3 g/kg
4 g/kg
5 g/kg
6 g/kg
C (-3℃)
B (880hPa, 4.5℃)
A
D (21℃)
4g/kg
DA ≒ 6℃
0℃
5℃
10℃
15℃
20℃
25℃
30℃
35℃
40℃
Dew points for a mixing ratio of 6 g of water per kg of air
Moist adiabatic lapse rate : shows the cooling of a parcel of moist air when uplifted
Dry adiabatic lapse rate : shows the cooling of a parcel of dry air when uplifted

5) C

국제지구과학올림피아드(IESO)

유체 지구과학 수권 분야 기출문제

1. 무엇이 해양에서 층을 만드는가?

a) 극지방의 만년설
b) 해류
c) 밀도 차이
d) 해파
e) 증발량과 강수량

2. 해양은 주목할 만한 온도 상승 없이 엄청난 양의 태양에너지를 흡수할 수 있다. 이것은 일차적으로 __________ 때문이다.

a) 바닷물의 양이 엄청나기
b) 물의 증발 잠열이 상대적으로 작기
c) 바다 표면은 들어오는 열을 반사하지 않기
d) 바닷물의 열용량이 상대적으로 높기
e) 바닷물 속에는 염류가 매우 많기

3. 바닷물 속의 O_2 농축에 대한 설명으로 최선의 진술은 무엇인가?

a) 표면층에서의 O_2의 농축은 더 깊은 층에서보다 더 높다.
b) 겨울 동안의 O_2 농축은 여름철 동안보다 더 높다.
c) 고위도 지역에서의 O_2 농축은 열대지방보다 더 높다.
d) a와 b 답이 옳다.
e) a, b, 그리고 c의 답 모두가 옳다.

4. 바닷물의 수지(budget)는 강수량(P)과 증발량(E)에 따라 결정된다. 이들의 영향은 표면 염분에도 영향을 미친다. 주어진 그림에 근거하여 열대지방의 해수에 있는 염분이 아열대지방의 해수보다 왜 낮은지 설명하시오.

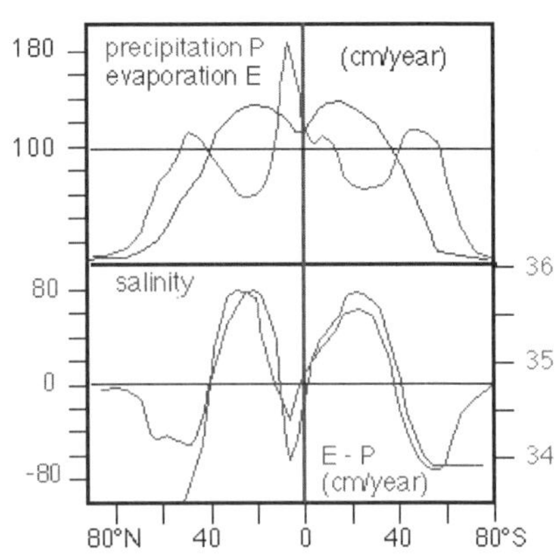

5. 아래의 지도 위에, 표에 제시된 해류의 이름에 해당하는 문자(A~E)를 정확한 위치에 해당되는 빈칸에 써 넣으시오.

A	알래스카 해류
B	페루 해류
C	북대서양 해류
D	브라질 해류
E	포클랜드 해류

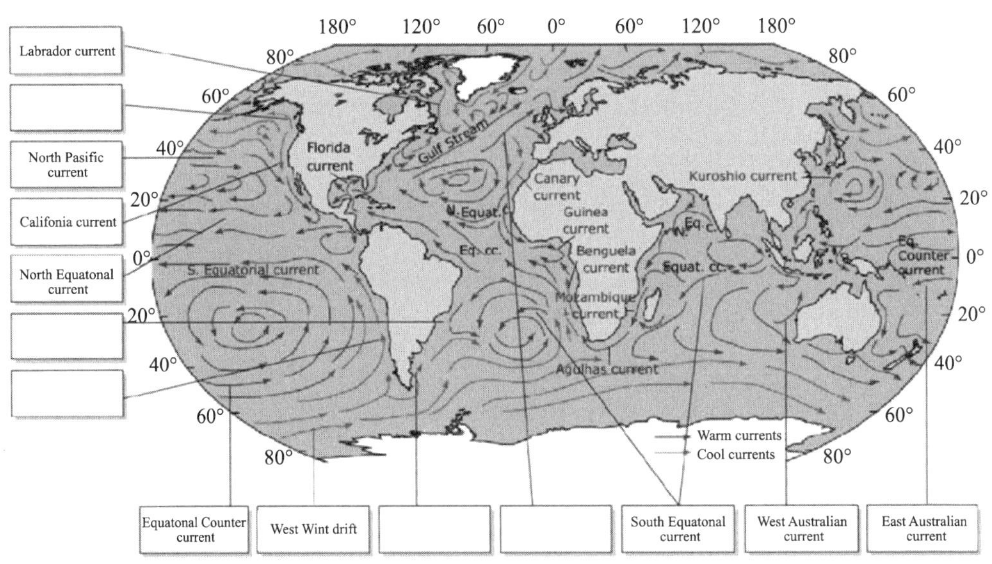

6. 최근에 떠다니는 쓰레기들이 해양의 특별한 지역에 집중되고 있는 것이 발견되었다. 이러한 지역들은 소용돌이 혹은 순환하는 흐름이 있는 곳에 위치하고 있다(위의 문제 5에 있는 지도를 보시오). 플라스틱 쓰레기는 광화학적으로 분해되기 전에 미래의 수백 년 동안이나 이러한 지역에 집중될 것으로 추정된다. 어떤 소용돌이는 미국의 텍사스(Texas) 주 크기의 2배에 해당하는 "쓰레기의 섬"을 가지고 있다.
우측 그림은 소용돌이의 모식도이다.

1) 이러한 형태의 소용돌이는 어디에서 발견되는가?

a) 북반구에서

b) 남반구에서

2) 위의 원형 그림에 근거하여, 소용돌이의 중심을 가로지르는 해수의 모양과 운동에 대한 대략적인 단면도를 완성하시오. (만약 필요하다면) 해수의 연직 운동을 단면도에 나타내시오.

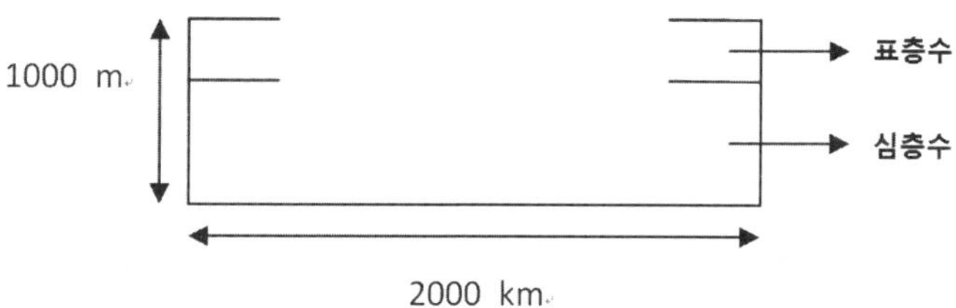

7. 아래 그림은 두 개의(A와 B) 서로 다른 지구-달-태양의 위치관계를 나타낸 모식도이다. 다음 중 옳은 것을 고르시오.

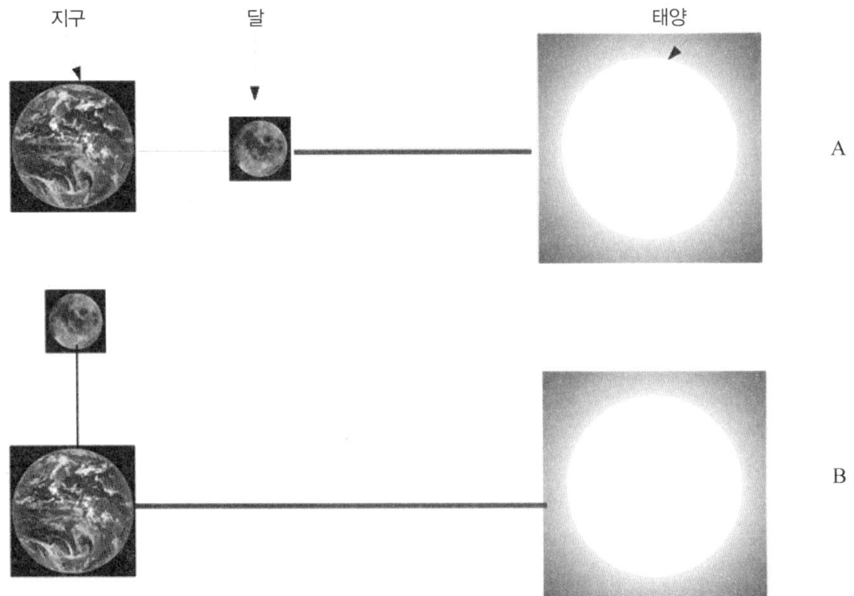

a) 모식도 A는 사리를 나타내고 모식도 B는 조금을 나타낸다.
b) 두 모식도는 모두 사리를 나타낸다.
c) 모식도 B는 사리를 나타내고 모식도 A는 조금을 나타낸다.
d) 두 모식도는 모두 조금을 나타낸다.

8. 다음 물음에 답하시오.

1) 아래 그림은 대서양의 수괴를 나타낸 것이다. 다음에 열거된 수괴(a~e)는 그림의 어느 부분에 해당되는지, 각 수괴를 나타내는 부분에 a~e의 알파벳을 적으시오. [맨 아래쪽의 부분은 수괴가 아니며 해저지형을 나타내는 것임에 유의할 것]

a. 북대서양 심층수	b. 남극중층수	c. 지중해수
d. 표층수	e. 남극 저층수	

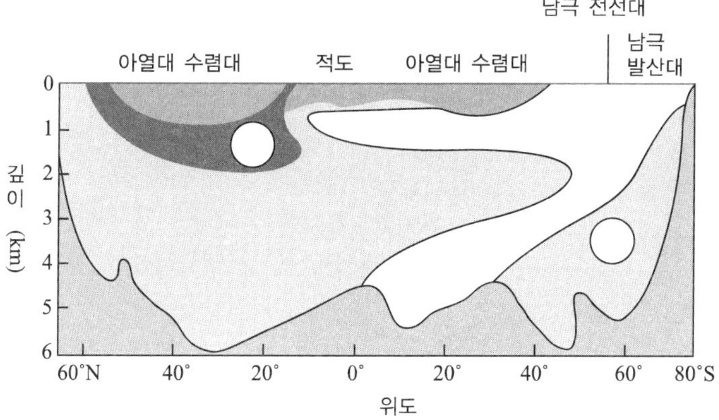

2) A, B 두 지점에서 관측한 온도와 염분은 다음과 같다. 그림의 원 안에 A와 B를 각각 표시하시오.

관측지점	수온 (°C)	염분(‰)
A	−2	34.6
B	8	35.4

9. (A)와 (B)는 북태평양 동부의 50°N, 145°W에서 계절 수온약층의 발달과 쇠퇴를 나타내고 있다. (A)의 상부와 같이 혼합층은 수직적으로 거의 균일한 수온을 갖는 층이다. 위의 (A)와 (B)를 참조하여서 옳은 답 2개를 선택하시오.

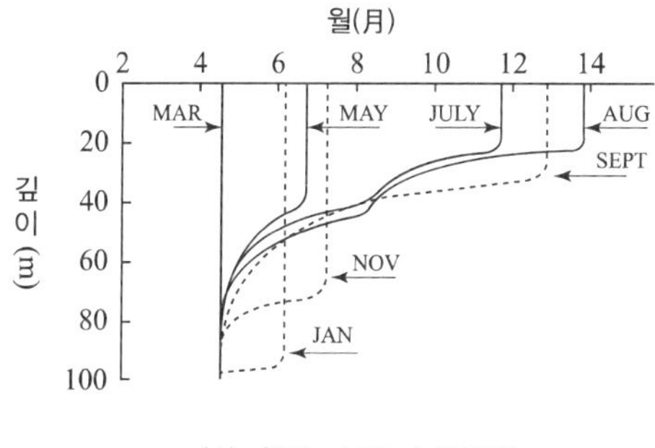

(A) 월별 수직 수온단면

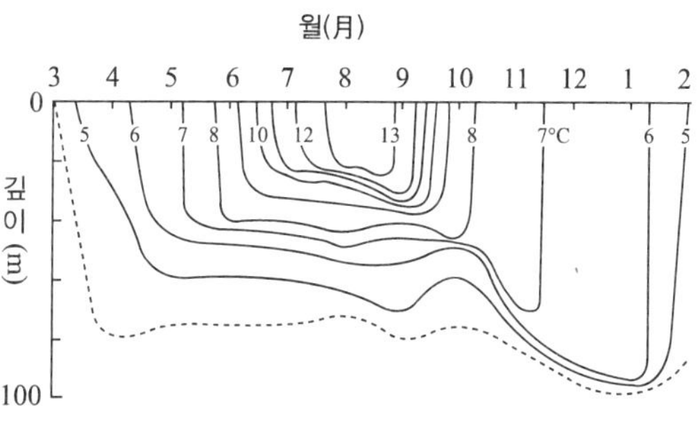

(B) 계절에 따른 수직 등온선 분포

a) 혼합층의 깊이는 난류와 한류의 강도에 따라 결정된다.

b) 겨울에서 여름으로 가면서 혼합층의 두께가 감소하는 것은 태양복사에 의한 열의 증가와 바람의 약화로 혼합이 감소하기 때문이다.

c) 8월에 가장 높은 수온이 나타나는 원인은 육지로부터 찬물의 유입과 혼합층 두께의 감소 때문이다.

d) 혼합층의 깊이는 5월보다 11월이 더 깊다. 11월에 혼합층이 더 깊은 이유 중의 하나는 열 손실에 의한 표층수 냉각에 기인된 열적 대류 때문이다.

10. 불타는 얼음으로 불리는 메탄 하이드레이트는 메탄분자들을 포함하고 있고, 여러 곳에서 해양퇴적물의 하층부 근처에서 엄청난 양으로 발견된다. 만일 해수가 따뜻해져서 메탄 하이드레이트가 녹아 메탄분자들이 해수로 방출되고 결국 대기로 방출된다면, 전 지구의 기후에 미치는 영향은 무엇인가?

a) 지구온난화 감소

b) 지구온난화 증가

c) 지구온난화에 영향을 주지 않음

d) 단지 지역(국지)온난화를 증가시킴

11. 조석은 바다에서 가장 주기적인 현상이다. 그러나 조차는 매일 변한다. 조석현상에서 틀린 답을 2개 고르시오.

a) 달에 의한 조석은 달의 인력과 지구자전에 의한 원심력의 차이에 의해 일어난다.

b) 태양에 의한 기조력은 달에 의한 기조력의 약 46 %이다.

c) 조차는 상현과 하현 때보다 그믐과 보름 때에 더 크다.

d) 대조차와 소조차는 일주조와 반일주조가 중첩되어 일어난다.

e) 만조와 간조는 지구상에서 지리적인 위치에 영향을 받아 하루에 한 번(일주조) 혹은 두 번(반일주조) 일어난다.

12. 오른쪽 그림은 태평양에서의 일반적인 해류 흐름을 나타낸 것이다.

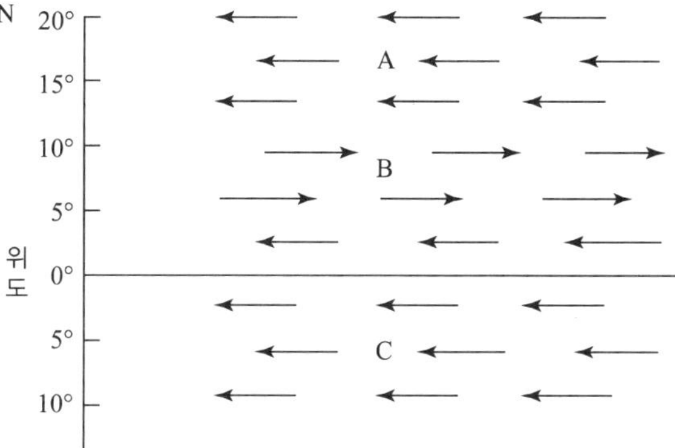

1) 해역 A에 흐르는 해류를 일으키는 바람은 무엇인가?

a) 극동풍
b) 남동무역풍
c) 편서풍
d) 북동무역풍

2) 해역 B에 흐르는 해류는 무엇인가?

a) 남적도해류 b) 적도반류
c) 북적도해류 d) 북태평양해류

3) 해역 A, B, C의 모든 해역에서 흐르는 해류는 지형류에 속한다. 지형류를 일으키는 서로 반대방향의 두 가지 힘은 무엇인가?

a) 바람의 응력(접선변형력) b) 전향력
c) 수압경도력 d) 해저 마찰

13. Two sea water particles ("A" and "B") have the same density at the same depth. Particle "A" has a lower salinity than "B". Assume that that there is no vertical movement of each particle.

Circle the correct answer.

1) The temperature of "A" is (higher, lower, equal) than the temperature of "B"

2) If the same amount of "A" and "B" is mixed, the density will (increase, decrease, not change).

14. Below two figures represent the annual mean meridional heat transport as contributed by ocean, atmosphere and individual ocean basins. Positive (negative) values indicate northward (southward) transport.

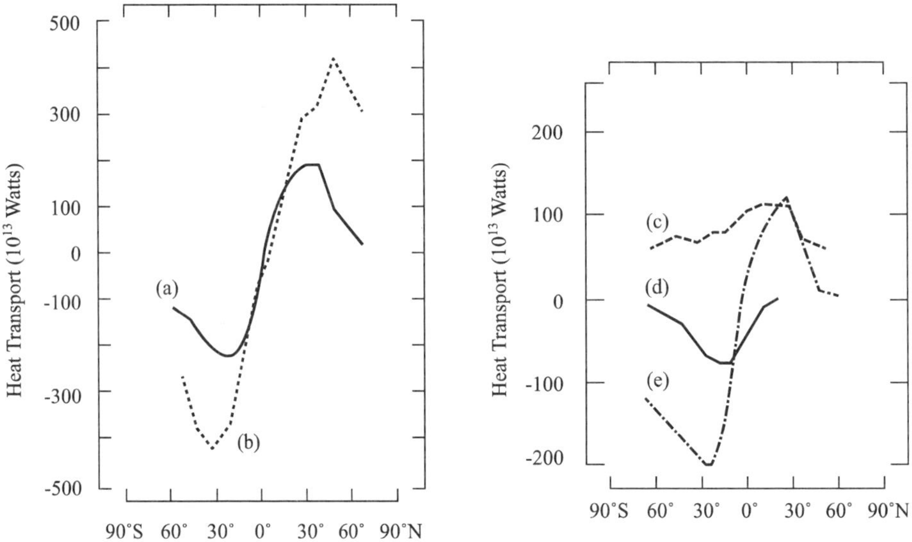

Circle the correct answer to match the corresponding components listed below

1) (a, b, c, d, e) is the heat transport by ocean

2) (a, b, c, d, e) is the heat transport by atmosphere

3) (a, b, c, d, e) is the heat transport by the Pacific Ocean only

4) (a, b, c, d, e) is the heat transport by the Atlantic Ocean only

5) (a, b, c, d, e) is the heat transport by the Indian Ocean only

6) What is the main causes for the large-scale northward transport shown in (c)?

a) Strong northward sea surface wind

b) Position of land boundaries

c) Meridional overturning circulation

d) Intensification of the western boundary current

e) Gulf Stream meandering and corresponding meso-scale eddies

15. Calculate the amount of sea level if the Greenland ice cap melts completely and all of its water entered the ocean. Use the below information.

> Volume of water in the ice cap is $3.024 \times 106\ km^3$
> Ocean covers 70 % of the earth's surface.
> Earth's radius is 6000 km.
> Pi (π) is 3.

16. Calculate the amount of sea level rise if all land ices (glacier, ice caps, Greenland and Antarctic ice sheet) melt out and flow into the ocean. Use the below information.

> 2 % of Earth's water is the fresh water.
> Among the fresh water, ice covers 80 %.
> Average ocean depth is about 5000 m

17. What is another important contribution to the global mean sea level rise beside the addition of fresh water as mentioned in this problem?

18. Below left figure is a potential temperature section along 149°E in the western Pacific (P10 observation line shown in a below right figure). Assume that the circulation in this section is in geostrophic balance.

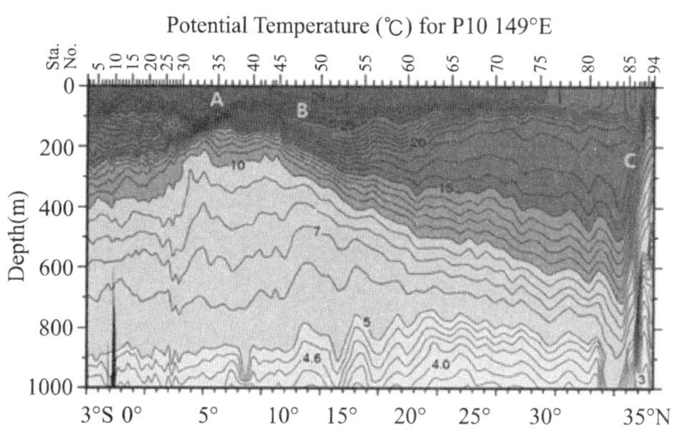

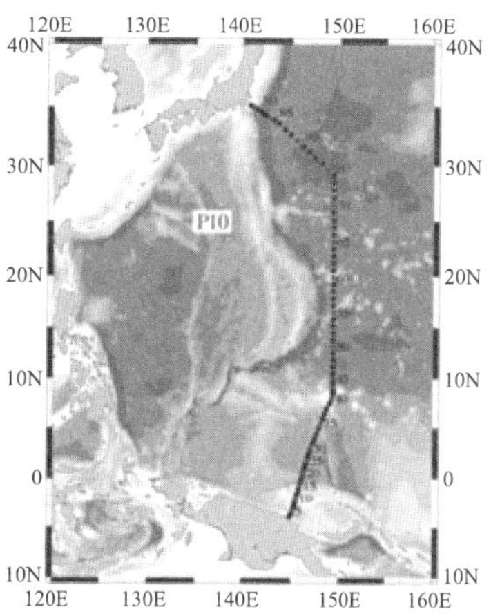

1) Which directions are the currents in the regions labeled A, B, and C? Also indicate corresponding current names.

	Direction	Current Name
A		
B		
C		

2) Which one is the strongest current? Explain by using temperature distribution in the upper left figure.

19. Below time series is the predicted idealized tide curve at 28°N when the declination of the Moon is 28°N. Draw a tide curve at 28°S assuming the same geographical situation with 28°N.

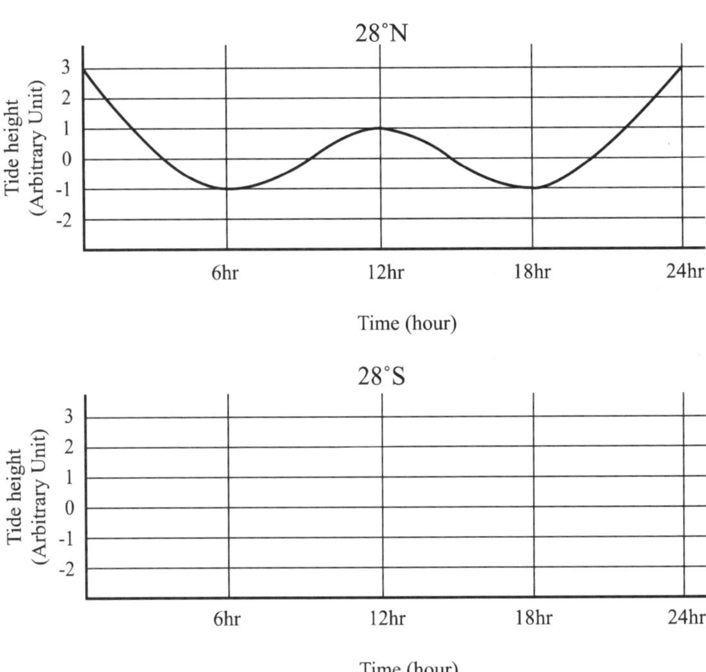

20. Figure 1 shows the section structures of temperature, salinity and density (sigma−t) observed along the same line at 36°N in May and July in the mid−eastern Yellow Sea. Answer shortly in the following questions

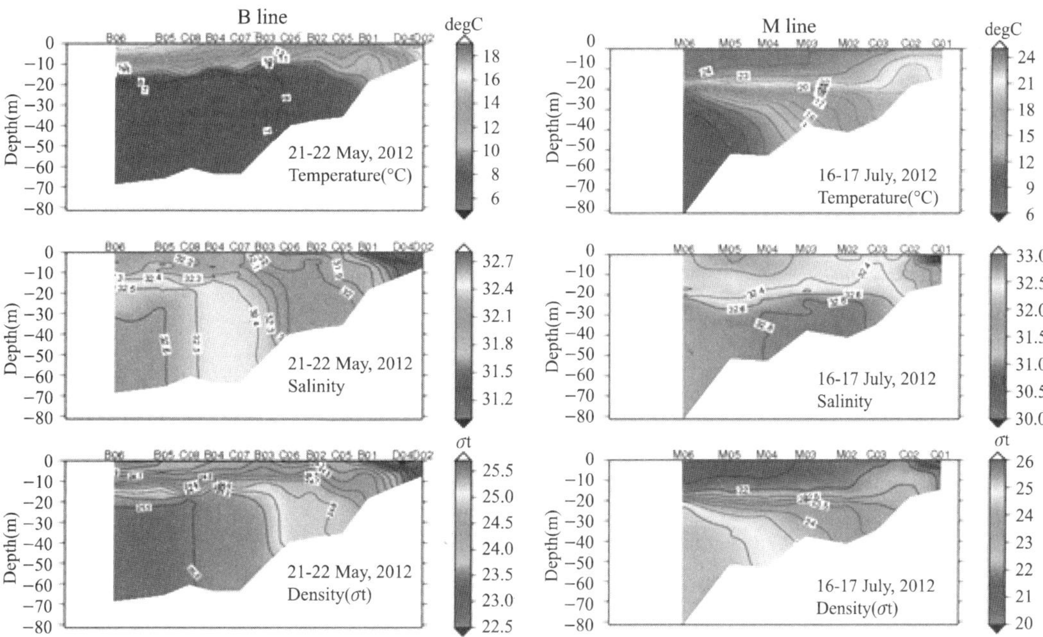

Figure 1. Vertical section of temperature, salinity and density (sigma−t) observed along the same section (36° N) in the mid−eastern Yellow Sea in May (left) and July (right) 2012.

1) Why the salinity in the upper layer in the shallow coastal region is lower than that in the offshore region?

2) Where are the depths showing maximum vertical difference of density on B06 station in May and M06 station in July?

3) The largest change of temperature happened below the seasonal thermocline or pycnocline in the region of 40 water depth (B02 in May and M02 in July). Explain shortly what the possible cause of the large temperature change is there?

4) Salinity under the seasonal thermocline was in general increased in July compared with in May. Especially, salinity higher than 32.8 was observed from M02 to M05 in July, which was not observed in the all stations of the section in May. What is the possible cause of this comparably high salinity water appearance in July?

21. Figure 2 shows some research results from the tsunami occurred in Indonesia. Using the figures answer the following questions. Star denotes the position of tsunami generation and the yellow indicates wave crest and the blue the trough in (b)

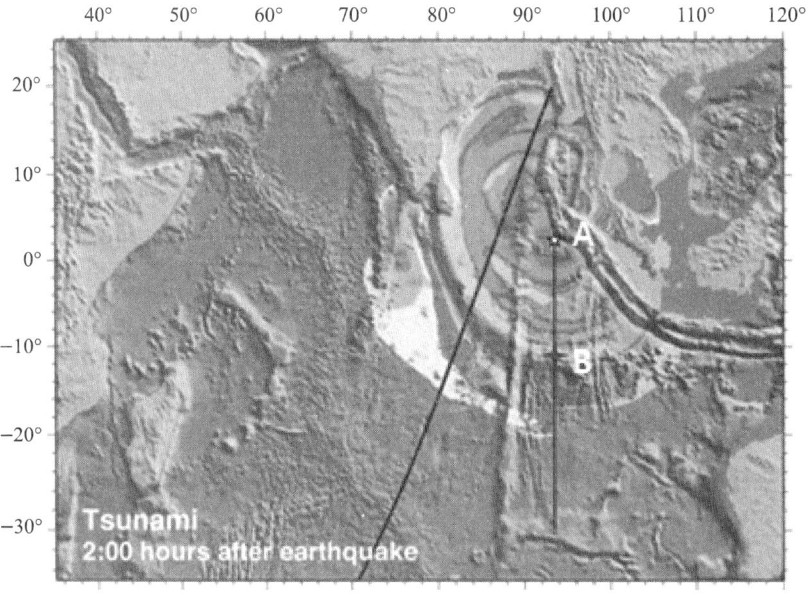

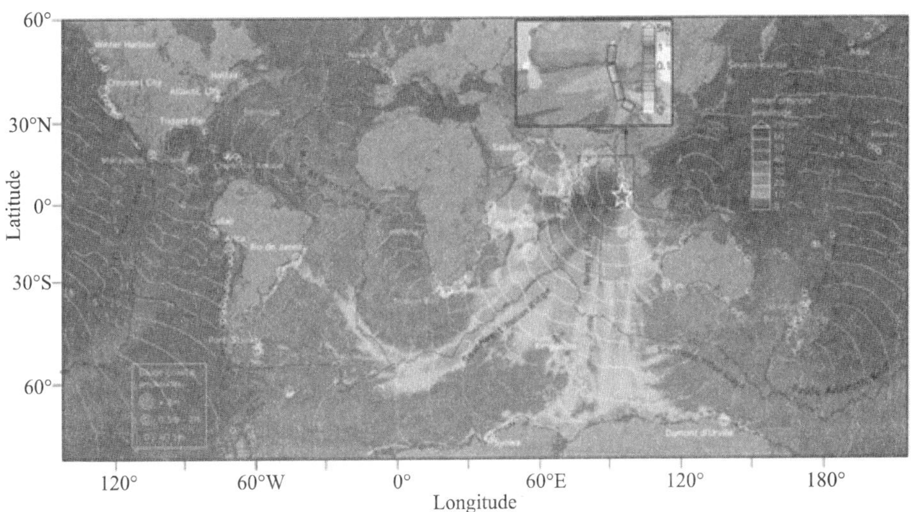

Figure 2. Sumatra Tsunami (December 26, 2004). (b) Simulated surface height two hours after earthquake. Red and blue color denotes crest and trough, respectively. Source: From Smith et al. (2005). (c) Global reach: simulated maximum sea-surface height and arrival time (hours after earthquake) of wave front. Source: From Titov et al. (2005).

1) Estimate the mean wavelength of the tsunami propagating along the line AB in figure (b) (1° of latitude is 110 km).

2) Using figure (c), estimate the propagation time of tsunami to point B after generation along the line AB by picking up the arrival time in the B point, and then calculate the propagating speed of the Tsunami

3) Using the results obtained answers from 1) and 2) questions, i) estimate the period of Tsunami (2pts), and ii) calculate the mean water depth along the line AB (gravitational acceleration, $g = 10\ m/s^2$)

정답 및 해설

1. c
2. d
3. e
4. 아열대지방은 고압대이므로 강수량이 적고, 수온이 매우 높다. 따라서 강수량보다 증발량이 더 많아서 표면 염분이 높다. 반면에 열대지방은 수온이 높아 증발량이 높지만 저압대이므로 강수량이 더 많기 때문에 표면 염분이 낮다.
5.

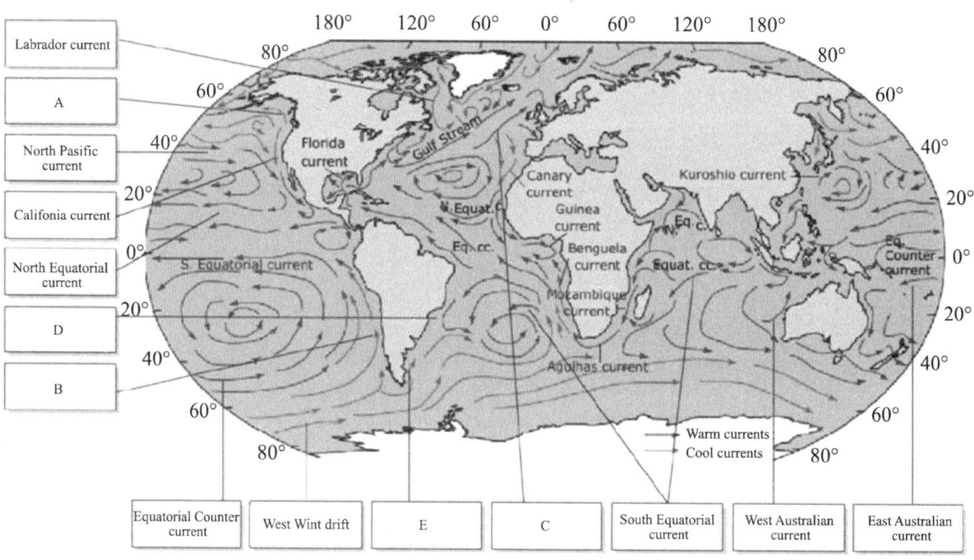

6. 1) b

   2)

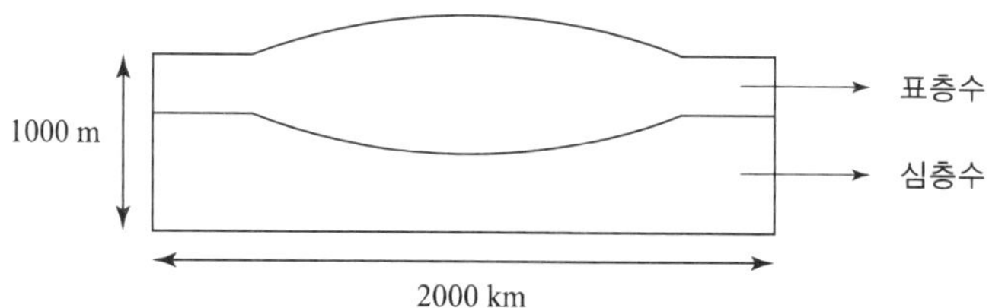

7. a

8. 1) ~ 2)

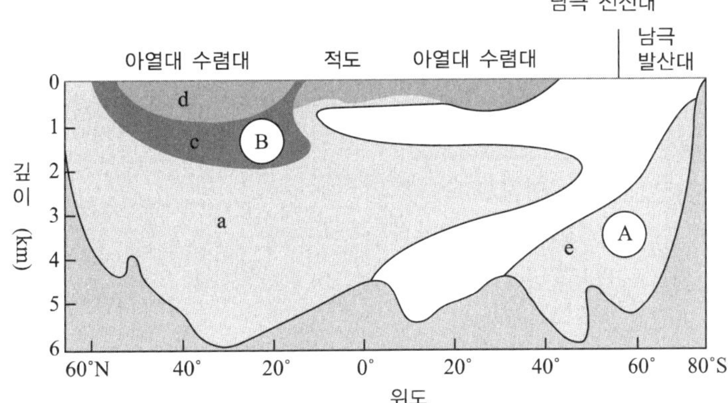

9. b, d

10. b

11. b, d

12. 1) d 2) b 3) b, c

13. 1) lower 2) increase

14. 1) a 2) b 3) e 4) c 5) d 6) c

15. Sea level rise = volume/area = 3.024 × 106 km^3

$(4\times\pi\times(6000\ km)^2\times 0.7) = 10\ m$

16. Suppose the ocean's surface area is S.

The amount of Earth's water = S × 5000 m/0.98

The amount of ice (glacier and icebergs) = S × 5000 m/0.98 × 0.02 × 0.8 ≈ S × 81.6 m

17. Thermal expansion (Density change of sea water) due to global warming

18.

1)

	Direction	Current Name
A	Eastward (or Southeast ward)	Equatorial Count Current
B	Westward	North Equatorial Current
C	Eastward (or Northeast ward)	Kuroshio Current

2) C (Kuroshio Current)

Geostrophic current is proportional to the density gradient, and the density gradient is primarily controlled by the temperature gradient in this area. C has the strongest velocity because the thermocline slope around C area is the steepest.

19.

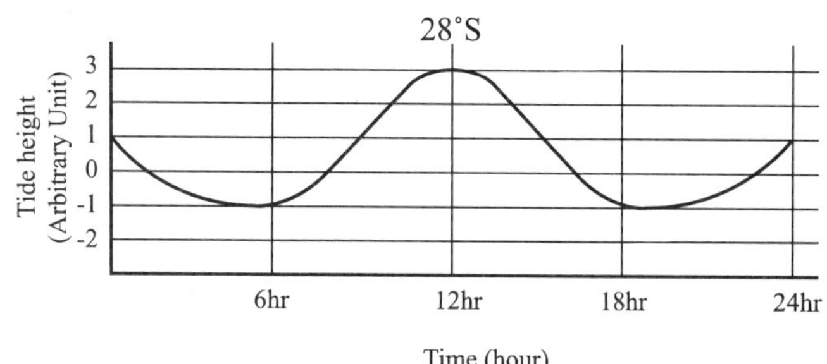

20. 1) Due to the river runoffs (from Keum, Mankyoung, Dongjin Rivers).
   2) B06: approximately 13 m, M06: approximately 20 m.
   3) Tidal current that is subject to the bottom stress produces active vertical mixing in the low layer in the shallow coastal region. (The strength of vertical mixing by tidal current depends on U3/h, where U is tidal current speed and h is water depth). The vertical mixing by tidal current transfers the heat from the upper to the low layer, and then the temperature in the low layer increases effectively with weakening of thermocline.
   4) Advection of high salinity water from the south into the observation area after May.

21. 1) Two wavelength distance $= 11.5° \times 110$ km/° $=$ 1265 km
   $\Rightarrow$ Wavelength $L = 1265$ km/2 $= 632.5$ km(error bound $\pm$ 30 km)
   2) arrival time: ~ 2 hrs
   $\Rightarrow$ $C = 1265$ km/2 hrs $=$ 632.5 km/hr $=$ 175.7 m/s
   3) $C = L/T$ $=$ (gh)1/2
   i) $T = L/C$ $=$ 632.5 km/632.5 km/hr $= 1$ hr
   ii) Depth $h =$ C2/g $= (175.7\ \mathrm{m/s})^2 / 10\ \mathrm{m/s^2} = 3{,}087$ m

국제지구과학올림피아드(IESO)

행성 지구과학 분야 기출문제

1. 당신이 밤하늘에서 새로운 행성을 보았다고 상상해보라. 관찰에 근거하여, 그 행성의 최대 이각은 30°로 태양에 가깝다는 것을 알아냈다. 금성과 수성의 최대 이각이 각각 46°, 23°이라면 다음 설명 중 옳은 것은?

   a) 행성의 궤도는 수성 궤도보다도 더 태양에 가깝다.
   b) 행성의 궤도는 수성과 금성 궤도 사이에 위치하고 있다.
   c) 행성의 궤도는 금성과 지구 궤도 사이에 위치하고 있다.
   d) 행성의 위치는 주어진 자료로부터 결정할 수 없다.
   e) 위에 제시된 모든 답변은 잘못된 것이다.

2. 달의 표면 위에 서서 지구를 향해 바라보고 있는 우주 비행사의 관찰에 대한 다음의 설명 중 옳은 것은 무엇인가?

   a) 지구는 항상 완전한 원반형태로 보일 것이다.
   b) 하루의 길이는 지구의 관측자에 의해 관찰되는 달의 회합주기, 즉 삭망 주기와 같을 것이다.
   c) 하루의 길이는 지구 주위를 돌고 있는 달의 항성주기의 절반이다.
   d) 지구가 뜨고 지는 사이의 시간은 지구에서 관찰되는 삭(New Moon) 망(Full Moon) 사이의 시간과 같다.
   e) 달을 향해 있는 지구의 표면은 항상 같아서 달에서는 오직 지구의 한 쪽면만 보인다.

3. 만일 지구의 공전 방향은 그대로 유지한 채 자전 방향만 갑자기 반대로 바뀐다면 1 태양일의 길이는 어떻게 바뀌는가?

a) 이전보다 4분이 더 길어질 것이다.
b) 이전보다 4분이 더 짧아질 것이다.
c) 이전보다 8분이 더 길어질 것이다.
d) 이전보다 8분이 더 짧아질 것이다.
e) 바뀌는 것이 아니라 이전과 동일한 상태로 유지될 것이다.

4. 항성의 진화 이론에 따르면, 태양은 수십억 년 안에 적색 거성으로 진화할 것이다. 태양이 적색 거성이 되어 반지름이 1.12×10^7 km가 되고 표면 온도가 2900 K까지 떨어지는 때의 지구 표면에서의 평균 온도는 어떻게 되겠는가? 단, 현재 태양의 반지름은 7×10^5 km이며 표면 온도는 5800 K이라고 가정하고, 지구 반사도(albedo)의 변화와 같은 요소들은 무시하시오.

a) 현재 온도의 4배가 된다.
b) 현재 온도의 2배가 된다.
c) 현재 온도의 절반이 된다.
d) 현재 온도의 1/4이 된다.
e) 변화가 없다.

5. 지구에서 측정된 어느 별의 연주 시차가 0.05″였다. 만약 우리가 목성에서 그 별의 연주 시차를 측정한다면, 연주 시차는 얼마가 되겠는가? (태양으로부터 목성까지의 거리는 5.2 AU이다.)

a) 1.00″
b) 0.52″
c) 0.33″
d) 0.26″
e) 0.15″

6. 만일 행성의 현재 거리는 그대로 유지된 채 태양의 질량이 현재 값의 2배로 증가된다면 지구의 공전 주기는 얼마가 되겠는가?

a) 423일
b) 365일
c) 321일
d) 258일
e) 147일

7. 만약 헬리(Halley) 혜성의 근일점까지의 거리가 8.9×10^{10} m이고 공전 주기가 76년이라면, 헬리 혜성의 이심률은 얼마인가?

a) 0.567
b) 0.667
c) 0.767
d) 0.867
e) 0.967

8. 어떤 별의 특별한 스펙트럼 선이 4999 Å으로 관찰되었다. 실험 결과에 의하면, 이 스펙트럼 선은 5000 Å에 나타나야만 하는 것이다. 이 별의 관측자에 대한 상대적인 운동은 어떠한가?

a) 60 km/s 속도로 관측자를 향해 다가온다.
b) 60 km/s 속도로 관측자로부터 멀어진다.
c) 75 km/s 속도로 관측자를 향해 다가온다.
d) 75 km/s 속도로 관측자로부터 멀어진다.
e) 그 별은 관측자에 대해 상대운동을 하지 않는다.

9. Pippo라는 새로운 행성이 명왕성 궤도 너머에서 발견되었다고 상상하자. 이 행성의 공전 주기는 320년이고, 원운동을 한다고 가정할 경우, 태양으로부터 거리는 몇 천문 단위(AU)인가?

a) 23.4 AU
b) 30.7 AU
c) 46.8 AU
d) 93.6 AU

10. 지구에서 질량이 70 kg인 사람이 있다. 만일 그가 달(Moon) 또는 목성을 방문한다면, 그의 무게는?

a) 지구에서보다 달과 목성에서 더 무겁다.
b) 지구에서보다 목성에서는 많게, 달에서는 적다
c) 지구에서보다 달에서 많지만, 목성에서는 적다.
d) 지구에서보다 달과 목성에서 적다.

11. 천문학에 대한 열정을 가지고, 당신의 친구가 당신의 생일날에 항성시를 나타내는 시계를 당신에게 선물했다. 10 a.m.에 받은 시계의 시간을 10시로 맞추었다. 항성시의 시간이 알려주는 대로, 다음날 아침에 8.00 a.m의 기차를 타기 위해, 기차역에 도착했을 때, 기차가 없었다. 그때 당신이 해야 할 행동은?

a) 기차가 몇 분 후에 올 것이므로 기다린다.

b) 도착하기 몇 분 전에 이미 기차가 떠났으므로 집에 간다.

c) 기차는 몇 시간 후에 올 것이므로 기다린다.

d) 오늘 기차가 취소되었다고 추측해본다.

12. 공상과학 영화에서 주인공이 화성표면에서 실종된 그의 친구의 우주선을 지상에 설치된 광학망원경을 사용하여 찾고자 한다. 망원경의 분해능이 약 1초각(arcsec)이고 화성은 지구에서 6천만 km이다. 그가 망원경으로 발견하기 위한 우주선의 최소 크기는 얼마인가?

a) 2.90 m　　b) 290.9 km

c) 290.9 m　　d) 2.90 km

13. 달 직경이 현재보다 20 % 작아졌다고 가정하자. 지구에서 개기일식이 여전히 일어나기 위해 지구와 달 사이의 평균거리는?

a) 현재보다 20 % 커야 한다.　　b) 현재보다 80 % 적어야 한다.

c) 현재보다 20 % 적어야 한다.　　d) 현재보다 80 % 커야 한다.

14. 다음 그림은 별의 진화 경로를 나타내는 H-R도이다. 태양은 현재 A에 위치하지만, 50억 년 후에 B 위치로 이동할 것이다. (태양이 black body라고 가정하고, 현재 반경 7×10^5 km. 1AU $= 1.5 \times 10^8$ km라 하자.) 태양이 B로 이동할 경우, 그 반경은 현재보다 몇 배일까? 다이어그램에 주어진 정보를 사용하여 계산하라.

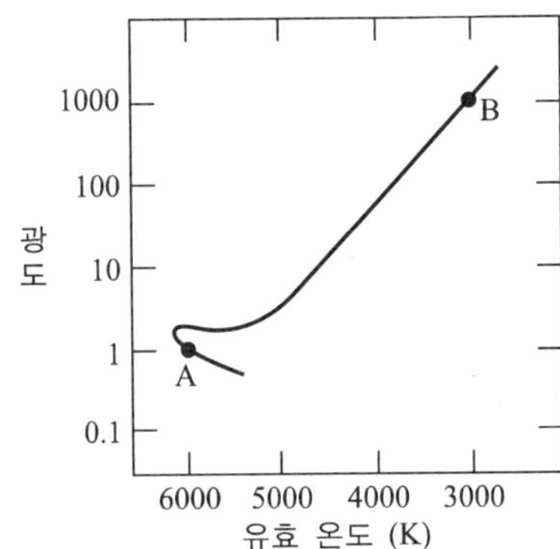

a) 100배 크다.　　b) 57.8배 크다.

c) 126.4배 크다.　　d) 157.3배 크다.

15. 어떤 소행성(asteroid)의 회합주기가 8/7년이다. 지구의 공전속도가 30 km/s라고 가정하자. 소행성이 원 궤도를 돈다고 가정하고, 다음을 답하되 소수점 이하를 반올림한 정수로 답하시오.

1) 소행성의 공전주기(년)는?

2) 공전궤도 반경(AU)은?

3) 소행성의 회전속도(km/s)는?

16. 다음 그림은 북반구 어느 지점에서 본 하늘의 모습이다. 이 그림에서 숫자로 표시된 별자리 이름을 아래의 표에서 찾으시오.

1)	2)	3)	4)	5)
a. Libra	a. Cassiopeia	a. Delphinus	a. Ursa Major	a. Ursa Major
b. Virgo	b. Perseus	b. Aquila	b. Ursa Minor	b. Ursa Minor
c. Scorpius	c. Pegasus	c. Lyra	c. Draco	c. Draco
d. Sagittarius	d. Andromeda	d. Cygnus	d. Boötes	d. Boötes

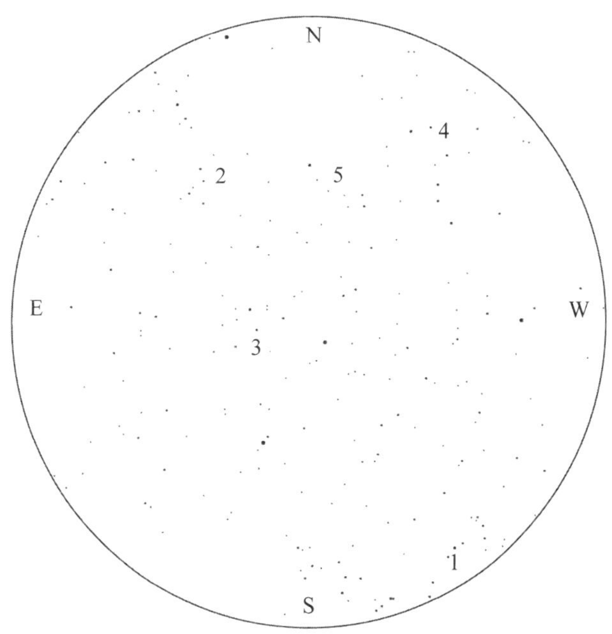

17. 남반구에서는 봄과 여름의 기간은 178.7일이다. 그것에 비해 가을과 겨울의 기간은 186.5일이다(북반구에서는 반대로 봄과 여름이 길고, 가을과 겨울이 짧다). 이렇게 봄-여름의 기간과 가을-겨울의 기간이 서로 다른 것은 다음 중 어떤 진술과 관계가 있는가?

a) 지구가 태양에 가장 가까워질 때, 태양의 자기장은 지구의 속도에 영향을 준다.
b) 지구의 공전 속도는 케플러의 제2법칙에 따라 변한다.
c) 지구의 세차 운동
d) 지구는 7월에 태양에 가장 가까이 있다.

18. 만약 당신이 북극에 위치하고 있다면, 북극성은 어디에 위치하겠는가?

a) 당신의 천정 위치에서
b) 당신의 북쪽 지평선에서
c) 지평선 아래에
d) 하루 중의 시간에 따라 달라진다.

19. (굴절) 망원경의 배율은 어떻게 계산되는가?

a) 정교한 컴퓨터 시뮬레이션을 활용하여서
b) 두 렌즈의 초점 길이를 이용하여서
c) 두 렌즈의 직경을 이용하여서
d) 망원경의 가격을 통해서

20. 지리적으로 서로 다른 지역에서 거의 비슷한 조석 진폭(고조의 높이와 저조의 높이 차이의 절반)에 의해서도 조석 현상이 발생함에 따라 해변에 물이 덮이는 정도에 차이가 나는 이유는 무엇인가?

a) 평균 해수면 위의 저조의 절대값 차이
b) 해변 기울기의 차이
c) 조석 현상이 발생하는 지역에 부는 지역풍 영향의 차이
d) 그 지역 온도 영향의 차이

21. 당신이 위도 30도에 있다면, 주극성(하루 종일 지평선 위에 있는 별) 중 가장 남쪽에 위치하는 별의 적위는 얼마인가?

a) +90
b) +60
c) +30
d) −30

22. 직경이 25 cm인 망원경 A와 직경이 100 cm인 망원경 B로 같은 천체를 관측할 때 동일한 광자 수를 획득하기 위하여는 망원경 A는 망원경 B보다 얼마나 더 많이 노출시켜야 하는가? (단, 두 망원경은 동일한 전송률을 갖고 있다.)

a) 4배
b) 8배
c) 16배
d) 32배

23. α −Centauri는 지구로부터 약 4.0×10^{13} km 떨어져 있는 별이다. 만약 α −Centauri가 달 근처(약 4.0×10^{5} km)로 가깝게 움직인다면 α −Centauri는 이전보다 얼마나 더 밝아지는가?

a) 10^{8}배
b) 10^{12}배
c) 10^{16}배
d) 10^{24}배

24. 만약 태양이 당신의 서쪽 지평선 아래로 6시간 전에 졌고, 달은 겨우 동쪽 지평선에서 관측된다면 이때의 달의 위상은 무엇인가?

a) 보름달(Full Moon)
b) 상현달(First Quarter)
c) 초승달(New Moon)
d) 하현달(Third Quarter)

25. 우리가 비행기를 타고서 오스트레일리아의 알바니(Albany) (35°1´South, 117°53´East)에서 올라바리아(Olavarria)(36°52´South, 60°5´West)로 여행을 하고자 한다. 가장 짧은 거리를 이용하여 이동하려면 어떤 지역을 통과해야 하는가?

a) 남극(Antarctic)
b) 남아프리카 공화국(South Africa)
c) 하와이(Hawaii)
d) 뉴질랜드(New Zealand)

26. 때때로 행성들은 우주로부터 오는 천체들에 의해 충돌 받게 된다. 수성의 표면에 떨어지는 이러한 천체들의 충돌은 충돌 크레이터로 알려진 원형의 구조를 형성한다. 크레이터들 사이의 중첩되는 관계는 이러한 구조들의 상대적인 연령을 결정짓는 유용한 도구가 된다. 아래의 사진을 주의 깊게 분석하여 표시된 크레이터들을 가장 오래된 것부터 가장 젊은 것 순으로 옳게 배열한 것은 어떤 것인가?

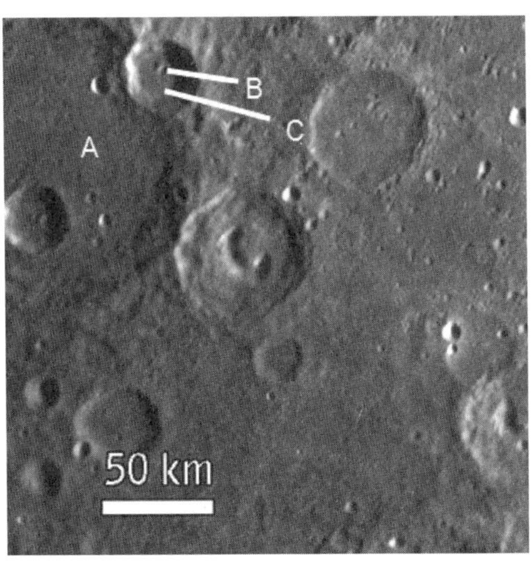

a) A－B－C　　b) A－C－B

c) B－A－C　　d) B－C－A

27. Let, $F\lambda(B)$ denote the amount of blue light and $F\lambda(R)$ denote the amount of red light. Which if the following statements is true?

a) The 6000 K star could outshine the 9000 K star, but it would have to be closer to the Earth and/or have a larger radius then the 9000 K star.

b) The higher temperature star has the larger value of $\lambda_{\max}$.

c) Since for the 4000 K star $\lambda_{\max} \cong 0.7\,\mu\mathrm{m}$, the 4000 K star produces more red light than does the 6000 K star.

d) If the 6000 K star had a smaller radius or was at a greater distance from the Earth, the ratio $F\lambda(B)/F\lambda(R)$ would be smaller.

28. The Earth suddenly moves two times farther away from the sun and also gains two times its original mass, then?

a) The force doesn't change
b) The force is twice as much
c) The force is 1/2 as much
d) The force is 4 times as much

29. The acceleration of a planet is

a) directly opposite the planet's motion if it is slowing down.
b) in the same dircction (angle between vectors is less than 45 degree) of the planet's motion if it is speeding up.
c) always towards the sun.
d) always away from the sun.

30. Which of the following would be appropriate units for apparent brightness?

a) Watts
b) Watts per square meter
c) Joules
d) Joules per square meter

31. How might we expect the interstellar medium of the Milky Way to be different 50 billion years from now?

a) The total amount of gas will be much less than it is today.
b) The total amount of gas will be about the same, but it will contain a much higher percentage of elements heavier than H and He.
c) The total amount of gas will be much greater, since many stars will undergo supernovae between now and then.
d) Thanks to the recycling of the star-gas-star cycle, the interstellar medium should look about the same in 50 billion years as it does today.

32. The orbital motion of Venus and the Earth given in Figure, where A – D are 4 specific positions of Venus (opposition, conjunction, and elongations). Before dawn on a vernal equinox day, a person observes Venus at its greatest elongation. (Assume that the Venus's orbital period is 0.6 yrs.) Of the three examples listed below, which are correct? Choose all of the correct statements.

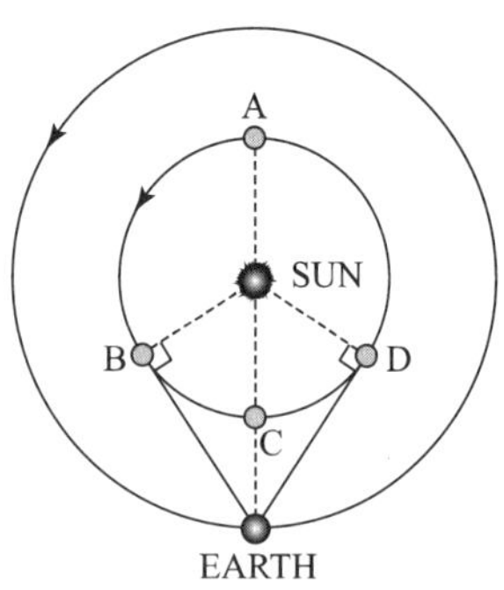

Ⅰ. The phase of Venus is like the 3rdquartermoon.
Ⅱ. Next day, the apparent diameter of Venus will be smaller.
Ⅲ. Next year before dawn on a vernal equinox day, one can observe again Venus at its greatest elongation.

a) Ⅰ
b) Ⅰ, Ⅱ
c) Ⅱ, Ⅲ
d) Ⅰ, Ⅱ, Ⅲ

33. Consider Orion (constellation) the hunter on the sky and its member stars shown in the figure below. RA: right ascension; and Dec: declination. Assume that an astronomer at Mysore (India) observes this constellation on a vernal equinox day. Of the three examples listed below, choose all of the correct statements.

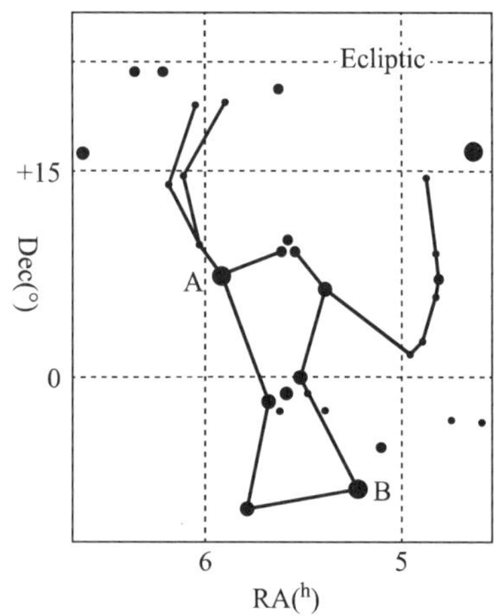

Ⅰ. On the same night, one can observe it on the southwestern sky at 21:00.
Ⅱ. The meridian transit altitude of the star 'B' on the day, is higher than the one month earlier value.
Ⅲ. In the Southern hemisphere, the star 'A' passes through the meridian earlier than the star 'B'.

a) Ⅰ
b) Ⅰ, Ⅱ
c) Ⅱ, Ⅲ
d) Ⅰ, Ⅱ, Ⅲ

34. The figure shows the precession of the Earth's rotation axis on a sky. The arrows on the circle indicate the count－clockwise rotation of the northern celestial position and the epochs, 2000AD and 14000AD, are also given.

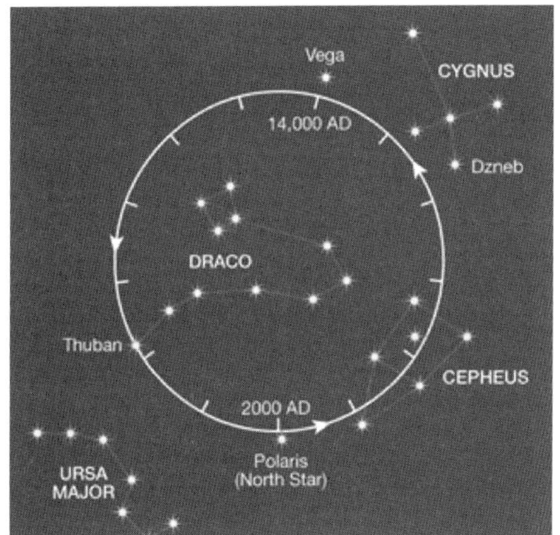

Of the three explanations regarding the Earth axis and involving phenomena, choose all the correct ones.

Ⅰ. The Earth rotation direction is the same as the earth axis rotation direction.
Ⅱ. About 14000 yrs later, the celestial pole will be closer to the Milky way than the present.
Ⅲ. The celestial equator does not change due to the Earth's precession.

a) Ⅱ
b) Ⅲ
c) Ⅱ, Ⅲ
d) Ⅰ, Ⅱ, Ⅲ

35. Table list the basic data for the two brightest stars on the sky. Assume that an observer is at Mysore, India (latitude and longitude are (12.3 N, 76.65 E), respectively), on clear nights.

Star	Apparent magnitude	Absolute magnitude	Right Ascension(h m)	Declination(°′)
Sirius	−1.46	1.4	6 45	−16 43
Canopus	−0.72	−2.5	6 24	−52 42

Choose all the correct statements from the list below.

Ⅰ. Canopus is at a more distant than Sirius.
Ⅱ. Among four Seasons, Sumer is best to observe them at the median transit during the midnight
Ⅲ. One can observe them both at Mysore, India.

a) Ⅰ
b) Ⅲ
c) Ⅰ, Ⅲ
d) Ⅰ, Ⅱ, Ⅲ

36. Which one of the listed objects below has a hottest core temperature?

a) Sun
b) Sirius (dwarf)
c) Spectral type F main-sequence star
d) Betelgeuse (giant star)

정답 및 해설

1. b　2. b　3. b　4. b　5. d　6. d　7. e　8. a　9. c　10. b
11. a　12. b　13. c　14. c　15. 1) 8년　2) 4 AU　3) 15 km/s
16. 1) c　2) a　3) d　4) a　5) b　17. b　18. a　19. b　20. b
21. b　22. c　23. c　24. d　25. b　26. b　27. a　28. c　29. c　30. b
31. a　32. b　33. a　34. a　35. c　36. d

한국지구과학올림피아드

KESO

- 고체 지구과학
- 유체 지구과학
- 행성 지구과학

한국지구과학올림피아드(KESO)

고체 지구과학 지권 분야 기출문제

1. 아래 [보기]는 광물과 암석의 종류를 나열한 것이다.

[보기]

(1)석영, (2)정장석, (3)사장석, (4)흑운모, (5)감람석, (6)휘석, (7)방해석, (8)홍주석, (9)황철석, (10)남정석, (11)규선석, (12)흑연, (13)각섬석, (14)자철석, (15)백운모, (16)다이아몬드, (17)아라고나이트, (18)형석, (19)방해석, (20)인회석, (21)적철석, (22)고령토, (23)석회암, (24)역암, (25)반려암, (26)사암, (27)셰일, (28)점판암, (29)편암, (30)편마암, (31)유문암, (32)화강암, (33)현무암, (34)대리암

다음 물음의 답을 [보기]에서 모두 고르시오(같은 광물/암석 명을 2번 이상 사용 가능함).

1) 규산염광물에 해당되는 광물을 모두 제시하시오.

2) 화성암 중 조립질 조직을 보이며 주로 고철질(Mafic) 성분으로 구성된 암석은?

3) 장석이 화학적 풍화작용을 받아 생성된 광물은?

4) 탄산염광물로 구성된 암석은?

2. 그림은 화강암 사진이고, 표는 화강암을 구성하는 조암광물의 주요 양이온과 결합구조를 나타낸 것이다.

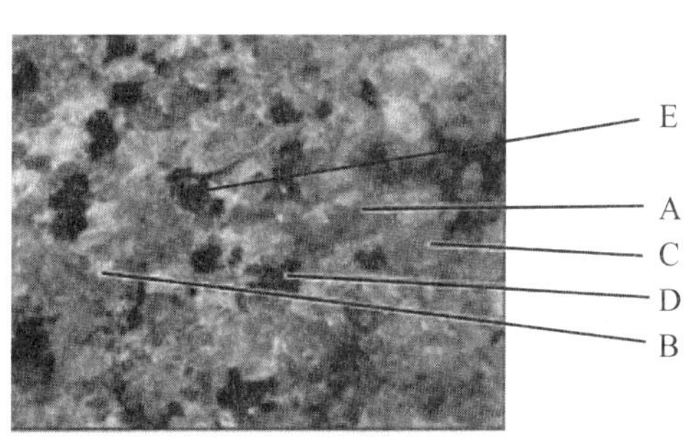

광물	주요 양이온	규산염광물의 결합구조
A	Si	망상
B	Si, Al, Na, Ca	망상
C	Si, Al, K	망상
D	Si, Al, K, Fe, Mg	판상
E	Si, Al, Fe, Mg, Ca	복쇄상

A, B, C, D, E에 해당하는 광물명을 쓰시오.

	A	B	C	D	E
광물명					

3. 다음은 암석, 광물, 화석을 설명한 것이다. 이들 설명에 대해 관련된 질문이 오른쪽에 제시되어 있다. 물음에 답하시오.

암석, 광물, 화석의 설명	관련 질문
• 입자의 크기가 2 mm 이상임 • 밝고 어두운 줄무늬가 뚜렷하게 발달해 있음 • 긴 입자들이 줄무늬 방향으로 배열되어 있음 • 장석이 가장 많고 석영, 운모, 각섬석, 휘석 등이 포함	1) 이 암석의 이름은? 2) 이 암석에서 줄무늬를 형성하게 한 가장 주된 요인 한 가지는?
• 화석의 형태는 원형, 타원형, 장방형, 원통형, 방추형이며 크기는 0.2~1 cm임 • 유공충의 한 종류임 • 우리나라 영월지역 탄전의 지층에서 산출	3) 이 생물은 어느 지질시대에 서식하였는가? 4) 우리나라에서 이 화석이 많이 산출되는 누층군(지층)의 명칭은?
• 입자는 잘 보이지 않을 정도로 세립질 내지 비정질임 • 회색이며 SiO_2 성분이 60 % 내외임 • 주로 사장석으로 구성되고 각섬석과 휘석이 포함됨	5) 이 암석의 명칭은? 6) 이 암석이 주로 생성되는 판의 경계는?

암석, 광물, 화석의 설명	관련 질문
• 화석을 많이 포함함 • 어란석 입자를 포함하기도 함 • 적도지방이나 저위도 해양에서 주로 형성됨	7) 이 암석의 명칭은? 8) 우리나라에서 이 암석이 가장 많이 산출되는 지층의 지질시대는?
• 해양에 서식하는 생물이나 해수로부터 직접 침전되어 형성된 암석의 구성 광물 • 알리자린 레드 에스 용액에 적색으로 반응 • 백색이나 무색 또는 연한 회색의 육방정계 광물	9) 이 광물의 명칭은? 10) 모스 경도계에서 이 광물보다 한 단계 더 단단한 광물의 이름은?

4. A, B 두 분출암에 대한 화학분석과 육안 및 현미경 관찰 결과는 다음과 같다. 다음 물음에 답하시오.

[화학분석 결과] (단위: wt. %)

	SiO_2	TiO_2	Al_2O_3	Fe_2O_3	FeO	MnO	MgO	CaO	Na_2O	K_2O	P_2O_5	H_2O^+	기타	합계
A	58.9	1.04	17.2	4.16	2.22	0.10	1.51	4.90	4.23	2.90	0.51	–	1.55	99.3
B	49.8	2.60	14.2	2.91	8.10	0.18	7.21	11.3	2.21	0.62	0.32	0.25	0.10	99.8

[육안 및 현미경 관찰 결과]

A암석:
- 비현정질 또는 비현정질 반상조직의 화산암이다.
- 현미경 관찰 결과 ㉮와 ㉯ 두 광물의 반정과 세립질의 석기로 구성되어 있다.
- ㉮ 광물은 개방니콜에서는 무색투명하며 직교 니콜에서는 쌍정이 관찰된다.
- ㉯ 광물은 개방니콜에서 재물대를 회전시키면 색이 옅은 녹색에서 녹색 또는 갈색으로 변했다.
- ㉯ 광물은 두 방향의 벽개가 잘 나타난다.

B암석 :
- 검고 치밀한 조직을 가진 세립질 암석이다.
- 주 구성광물로는 ㉮와 ㉰ 광물이다.
- ㉰ 광물은 개방니콜에서 무색투명하고 직교 니콜에서 높은 간섭색을 나타낸다.
- ㉰ 광물은 쪼개짐이 발달되어 있다.

1) ㉮, ㉯, ㉰ 광물은 각각 무엇인가?

㉮ :

㉯ :

㉰ :

2) ㉯ 광물에서 나타나는 광학적 성질은 무엇인가?

3) A암석은 B암석에 비해 FeO, MgO 및 CaO의 함량이 적다. 그 이유를 설명하시오. (단, A암석과 B암석은 같은 마그마로부터 생성되었다고 가정한다.)

4) A암석은 B암석에 비해 Na_2O와 K_2O의 함량이 훨씬 많다. 그 이유를 설명하시오.

5) A암석과 B암석은 각각 무엇인가?

A암석 : B암석 :

5. 그림은 규산염광물을 구성하는 SiO_4^{-4} 사면체가 결합하고 있는 형태를 나타낸 것이다. 다음 물음에 답하시오.

Si-O 결합 형태 [• Si, ○ O]		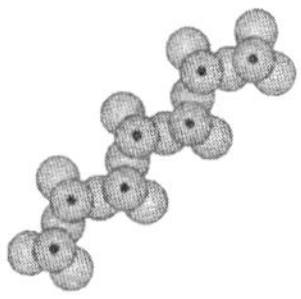		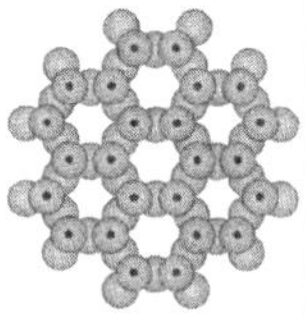	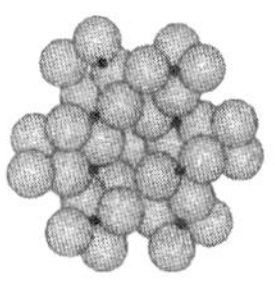
광물	감람석	휘석	각섬석	운모	석영

1) 외부에서 힘을 가했을 때, 일정한 방향성을 가지고 쪼개지는(쪼개짐) 광물들을 위에서 모두 찾아 쓰시오.

2) 광물들이 쪼개짐과 깨짐과 같은 물리적 특성을 나타내는 이유를 결합구조와 관련지어 설명하시오.

3) 각섬석과 운모는 어떤 결정형(모양)으로 주로 나타나는가?

각섬석 :

흑운모 :

4) 감람석은 다른 광물들과는 달리 SiO_4^{-4} 사면체가 산소를 공유하지 않고 결합해서 광물을 만든다. 어떤 방법으로 SiO_4^{-4} 사면체가 결합해서 감람석이 생성될 수 있는가?

6. 다음 사진은 우리나라 남해안에서 관찰한 암석 노두이다.

다음은 위 사진의 노두에서 관찰한 결과를 정리한 것이다.

1) 오른쪽 (　　)에 들어갈 적절한 암석 이름을 모두 쓰시오.

층	관찰 내용	암석 이름
C층	• 구성 입자의 직경이 1/256 mm 이하인 회색 내지 암회색 세립질 층과 입자의 직경이 1/16~1 mm인 다소 밝은 색의 얇은 층들이 반복적으로 관찰됨 • 식물 화석이 발견됨 • 층리와 쪼개짐이 발달함	(　　　) (　　　)
B층	• 암석의 색깔: 밝은 회색 내지 회색 • 층리와 쪼개짐이 발달함 • 구성 입자는 세립질(1/256 mm 이하) • A 지층과의 접촉부는 입자가 매우 치밀하고 단단함 • 용각류 공룡 발자국 화석이 발견됨	(　　　) (　　　)
A층	• 구성 입자는 세립질, 위와 아래쪽으로는 입자의 크기가 더욱 작아짐 • 암석의 색깔: 밝은 분홍색 계열 • 석영 반정 포함	(　　　)

2) A와 같은 암석의 산출 상태를 무엇이라고 하는가? (　　　　　　　　　)

7. 사진 (가)는 편마암이고, (나)는 점판암이다.

(가) (나)

1) 두 암석에 대한 [보기]의 설명 중 옳은 것을 모두 고르시오.

[보기]

㉠ 암석 (가)는 암석 (나) 보다 높은 온도에서 형성된다.
㉡ 암석 (가)와 (나) 모두 광역변성작용에 의해 형성된다.
㉢ 암석 (나)의 주된 구성 광물은 흑운모와 백운모이다.
㉣ 암석 (가)에서 어두운 부분은 주로 감람석으로 구성된다.

2) 두 암석의 가능한 원암(변성되기 전의 암석)을 각각 제시하시오.

8. 다음은 화성암의 형성 환경에 따라 분류된 그림이다. 1~6번까지 각 번호에 해당되는 암석 명 또는 화산쇄설물의 종류를 순서대로 기재하라.

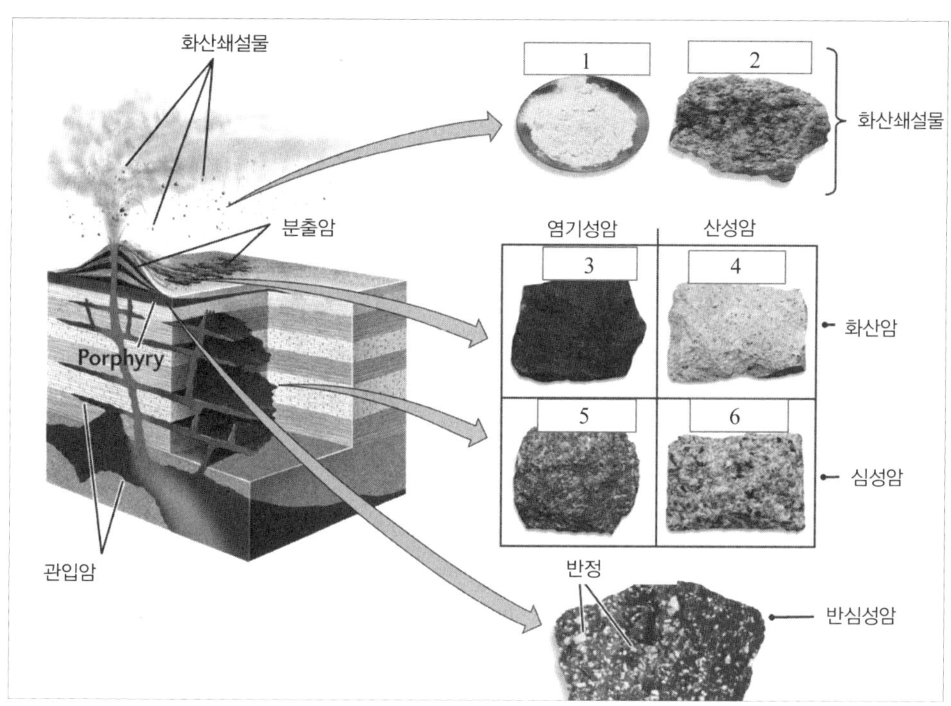

9. [보기]의 광물 중에서 판상의 규산염광물을 모두 고르시오.

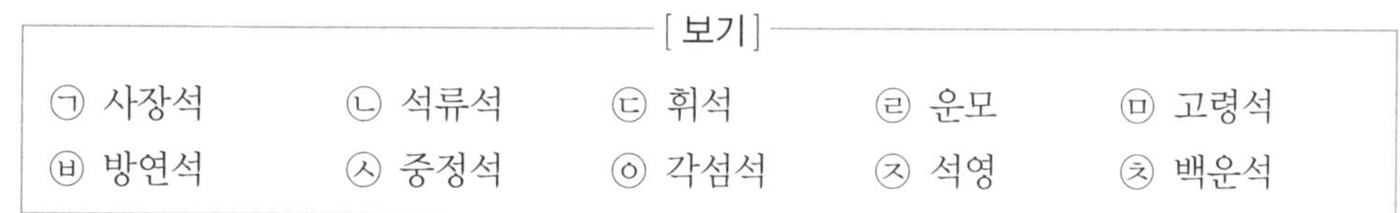

[보기]

㉠ 사장석	㉡ 석류석	㉢ 휘석	㉣ 운모	㉤ 고령석
㉥ 방연석	㉦ 중정석	㉧ 각섬석	㉨ 석영	㉩ 백운석

10. 해양지각을 구성하는 현무암과 반려암에서 공통적으로 관찰할 수 있는 광물은?

a) 석류석
b) 사장석
c) 정장석
d) 흑운모
e) 석영

11. 판의 경계 중 발산형 경계에서 생성되는 고철질 마그마는 주로 어떠한 원인에 의하여 생성되는가?

a) 연약권의 감압용융(decompression melting)
b) 연약권의 가수용융(hydrous melting)
c) 암석권 맨틀의 가수용융
d) 하부지각의 가열용융
e) 초기 마그마의 결정분화작용(fractional crystallization)

12. 변성작용에 대한 [보기]의 문장 중에서 옳은 것을 모두 고르시오.

[보기]

㉠ 변성작용은 고체상태에서 일어나는 작용이다.
㉡ 변성작용은 기존암석이 물리/화학적 조건의 변화에 대하여 반응하는 것이다.
㉢ 변성작용은 광물조합의 변화나 조직의 변화를 일으킨다.
㉣ 변성암에서는 쇄설성조직을 주로 볼 수 있다.
㉤ 변성도가 증가할수록 구성광물 입자의 크기는 대체로 작아지는 방향으로 변화한다.
㉥ 혼펠스는 비엽리상 변성암이며, 편암은 엽리상 변성암에 해당한다.

13. 다음 사진은 우리나라에서 발견된 공룡알 화석의 수직 단면이다.

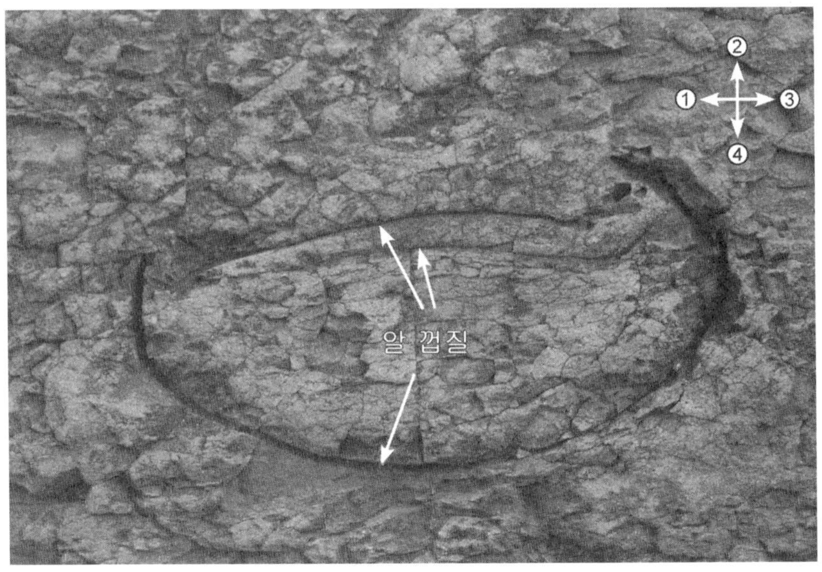

다음의 내용은 위 사진의 공룡알 화석 단면을 관찰한 결과를 정리한 것이다.

[관찰 내용]

- 구성 암석은 세립질 사암이다.
- 이 공룡알 화석은 원래 타원형으로 껍질의 일부가 깨져 있다.
- 알의 내부와 외부는 같은 종류의 퇴적물로 이루어져 있다.
- 껍질의 두께는 약 1 mm 내외이다.
- 알 껍질의 보존 상태로 보아 부화하지 못하고 퇴적물에 묻혀서 화석화 작용을 받은 것으로 판단된다.
- 이 공룡알 화석은 공룡알 둥지의 일부분이다.

위 그림에서 지층의 상부는 ①, ②, ③, ④ 중 어느 방향이며, 그 이유를 설명하시오.

1) 방향 :

2) 이유 :

14. 그림은 야외 지질 조사에서 건열과 연흔(물결 자국)의 퇴적구조와 함께 발견된 새 발자국 화석을 스케치한 것이다.

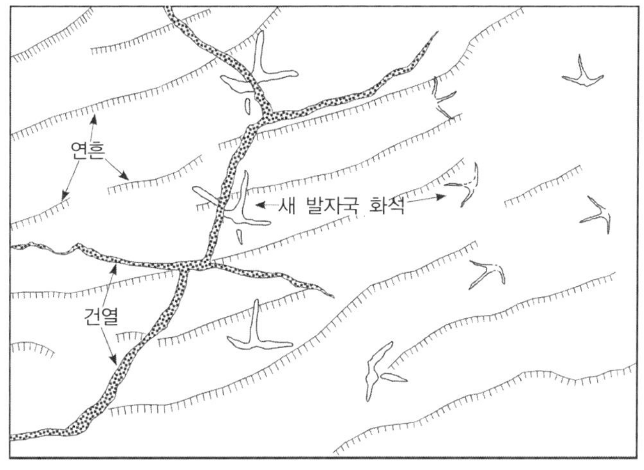

위 그림에서 관찰되는 새 발자국 화석, 연흔, 건열의 생성 순서를 쓰고, 그 근거를 생성 순서에 따라 두 가지를 제시하시오.

1) 생성 순서 : (   ) → (   ) → (   )

2) 근거

근거 1	
근거 2	

15. 다음 그림은 어느 지역의 지질 단면도를 나타낸 것이다.
(M, R, S: 화성암)

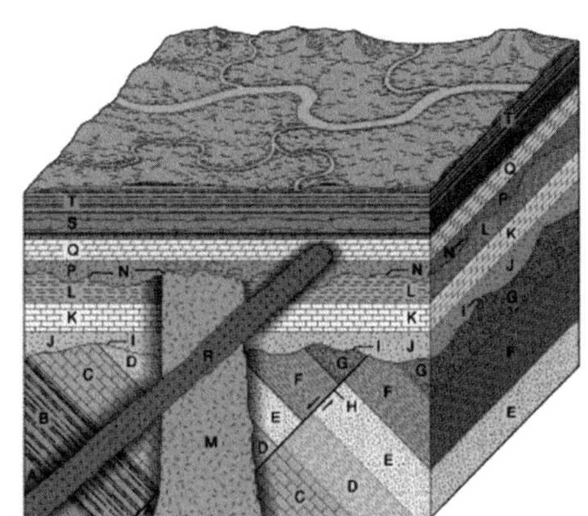

1) 이 지역에서 융기 후 침식작용이 있었던 횟수는?

2) 그 판단근거를 제시하시오.

16. 그림은 인접한 세 지점의 지질주상도와 일부 지층에서 산출되는 화석 X, Y, Z를 표시한 것이다.

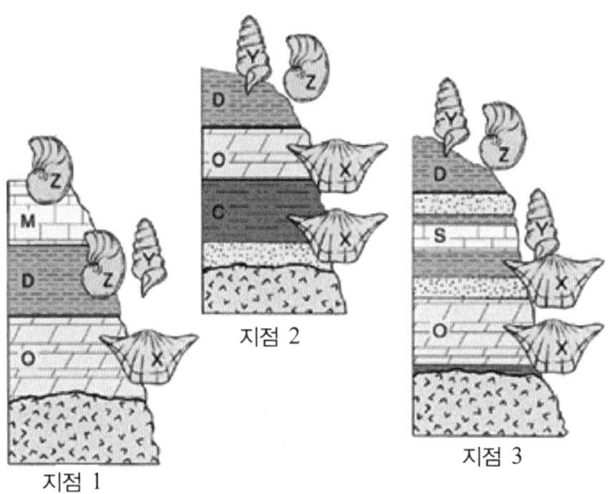

1) 아래 박스 안에 종합 지질주상도를 그리시오.

2) 종합 지질주상도 오른쪽에 화석 X, Y, Z의 산출 범위를 직선으로 나타내시오.

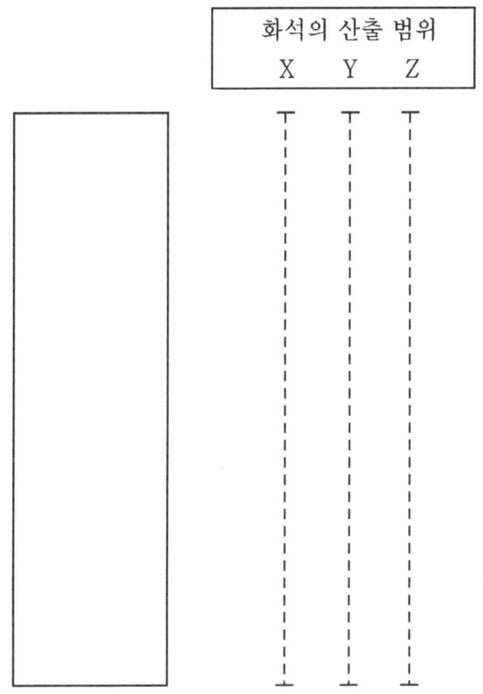

17. 그림은 지각과 맨틀의 평형관계를 연구한 두 과학자들의 이론에 대한 모형실험을 나타낸 것이다. (가)는 수은과 구리의 밀도차를 이용하여 수행한 모형실험을 나타낸 것이고, (나)는 수은과 밀도가 서로 다른 금속들(아연, 철, 구리, 은, 납)을 이용하여 수행한 모형실험을 나타낸 것이다. 지각과 맨틀의 관계에 관련한 다음 물음에 답하시오.

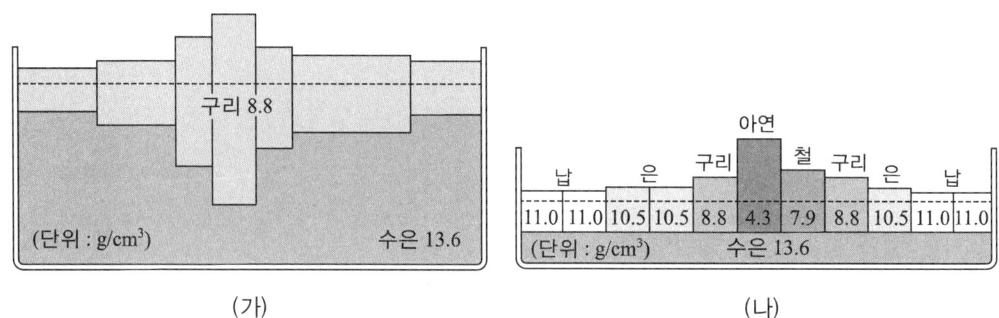

(가)　　　　　　　　　　(나)

1) 모형실험(가)를 통하여 지각평형과 관련하여 설명할 수 있는 중요한 사항을 쓰시오.

2) 대륙지각과 해양지각의 특성을 비교 설명하는데 적절한 모형은 (가)와 (나) 중 어느 것인가? 그 이유를 설명하시오.

3) 모형실험(나)를 통하여 지각평형과 관련하여 설명할 수 있는 중요한 사항을 쓰시오.

18. 그림은 심해 시추코어에 기록된 산소동위원소 값의 변화를 나타낸 것이다. 물음에 답하라.

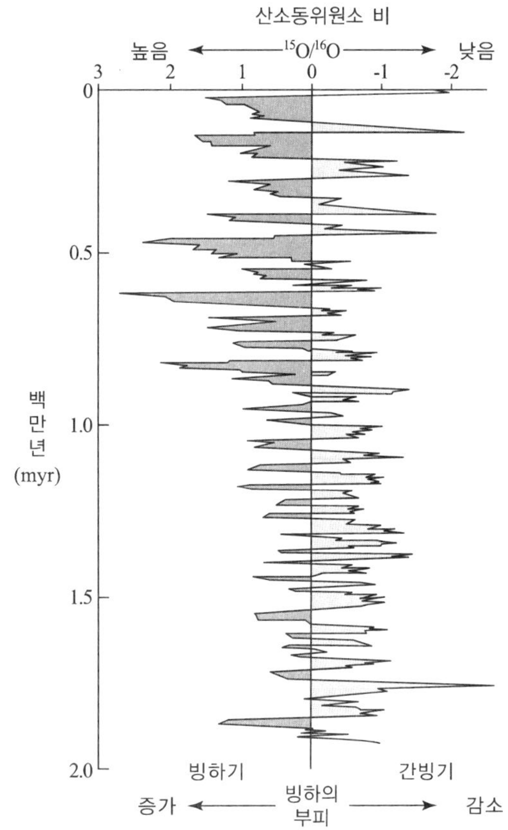

1) 빙하기에 전지구적 얼음의 부피와 시추코어의 산소동위원소 값은 어떠한가?

2) 지난 2백만 년 동안 있었던 빙하기와 간빙기의 주기의 변화에 대해 설명하라.

3) 마지막으로 빙하가 최대로 번성했던 시기는 몇 년 전인가?

19. 풍화작용과 토양에 관한 다음 물음에 답하라.

1) 화강암으로 이루어진 지표에서 둥그런 거력이 발달할 수 있다. 화강암이 이런 거력으로 풍화될 수 있는 이유는?

2) 라테라이트와 보크사이트의 형성과정에 대해 설명하라.

20. 그림은 지층 A, B, C의 분포와 단층을 보여주는 지질도이다.

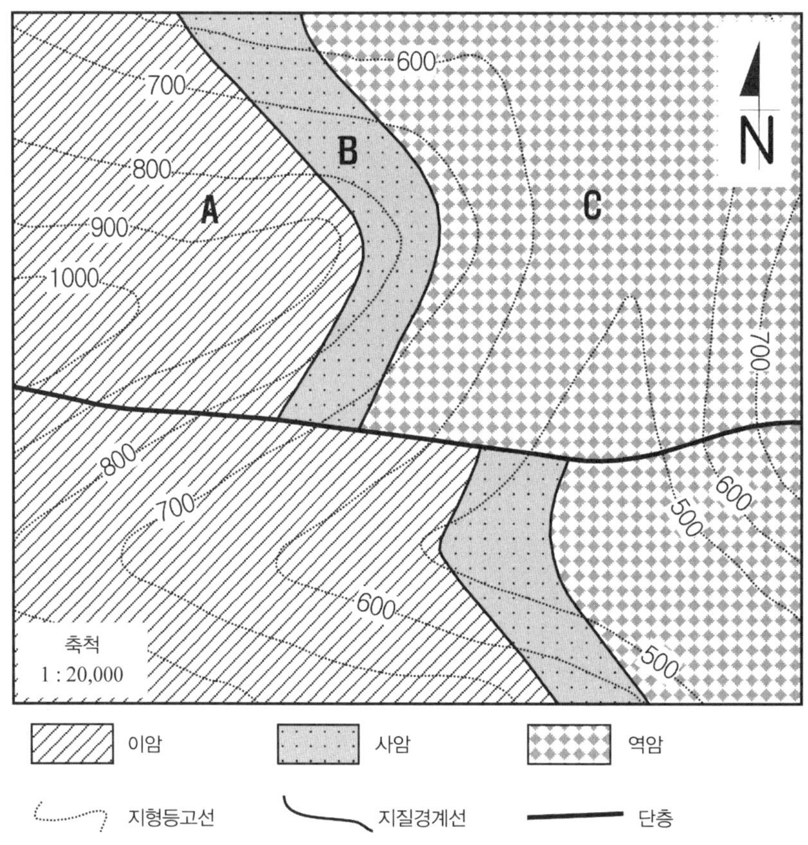

1) 지층 B의 주향과 경사방향은?

주　　향 :

경사방향 :

2) 지층 A, B, C의 퇴적된 순서는?

(　　　　　　) → (　　　　　　) → (　　　　　　)

3) 단층이 단층면의 경사방향으로 이동했다면, 이 단층의 종류는 무엇인가?

21. 다음 지형도에 제시된 노선 지질도와 주향·경사를 이용하여 사암과 셰일의 지층 경계선을 완성하고, 주어진 모눈종이를 사용하여 X-Y를 지나는 지질 단면도를 작성하여라. (단, 지질 단면도에 반드시 사암과 셰일의 범위와 명칭을 표시하여라.)

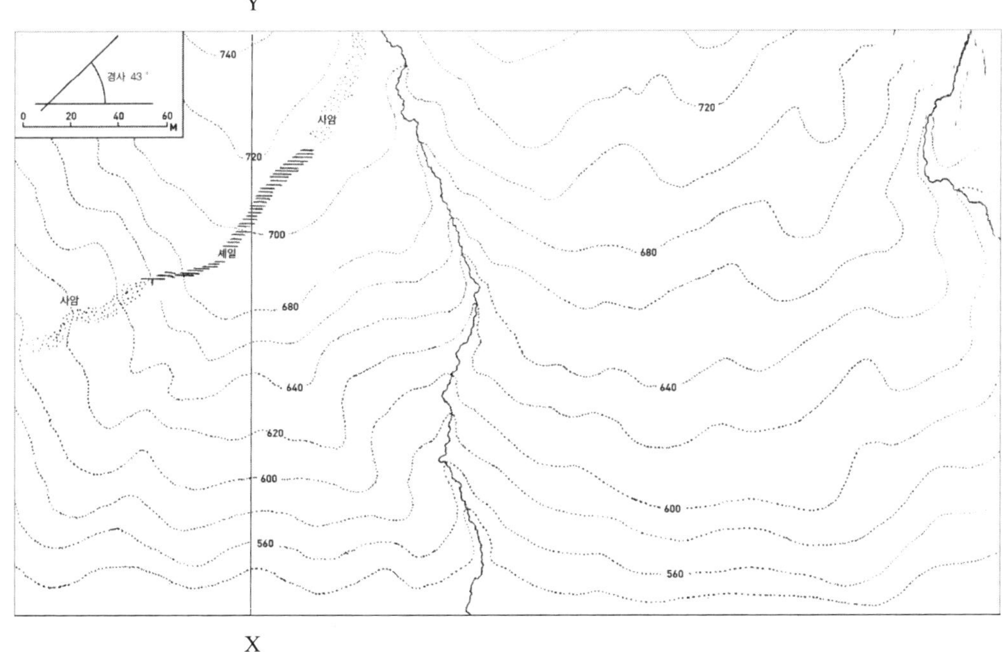

22. 고생물학자 Donald Prothero는 “화석으로 발견된 종의 수는 현재 살아있는 생물종의 5 %에 불과하며, 이는 화석 종 수는 지구상에 존재했던 모든 생물 종의 1 %에도 미치지 못함을 제시한다”고 했다. 이처럼 화석기록이 불완전할 수밖에 없는 이유를 생물체의 특성, 퇴적 또는 화석화 과정, 지질 변동 등의 관점에서 논하라.

23. 한반도 남부에 분포한 백악기 지층에서 파충류, 곤충, 식물 등의 화석은 다양하게 많이 발견되는 한편 중생대 표준 화석인 암모나이트는 발견되지 않는다. 중생대 백악기 당시 한반도 남부의 환경을 간략히 기술하시오.

24. 역암층의 노두에서 관찰 조사해야 할 조직과 퇴적구조의 종류를 쓰시오.

25. 중생대의 대표적인 겉씨식물 화석을 세 가지 들고 각각의 특징을 그림을 그려서 설명하시오.

26. 다음의 지질학자들과 생물계통학자들의 주요 업적들에 대해 설명하시오.

1) 제임스 허튼(James Hutton)

2) 윌리엄 스미스(William Smith)

3) 찰스 라이일(Charles Lyell)

4) 라마르크(Chevalier Lamarck)

5) 찰스 다윈(Charles Darwin)

27. 지구상의 대량 멸종 사건들의 시기와 원인들로 주목받는 내용들을 설명하시오.

28. 규산염광물을 구성하는 기본 골격(building block)은 무엇인가? 그림으로 그리시오.

29. 운모에서 1방향의 쪼개짐이 나타나는 이유를 설명하시오.

30. 퇴적암의 특징을 설명하시오.

31. 천연기념물 417호로 지정된 강원도 태백시 구문소에는 오르도비스기 지층이 잘 드러나 있다. 특히 석회암과 백운암으로 주로 이루어진 막골층에는 다양한 퇴적구조가 잘 발달해 있어, 퇴적 당시의 환경을 이해할 수 있게 해준다. 막골층에서 관찰되는 어떤 퇴적구조를 통해 어떤 퇴적환경을 유추할 수 있는지, 최소 두 가지 이상의 퇴적환경에 대하여 설명하시오.

32. 영동 지역의 동정리층에서 관찰한 공룡 발자국과 깎여서 패인 자국의 형태가 지층의 단면에서 어떻게 다를지 그림으로 그리시오.

33. 수직 습곡이란 무엇인지 설명하고, 그림으로 그리시오.

정답 및 해설

1. 1) 12개: 석영, 정장석, 사장석, 흑운모, 감람석, 휘석, 홍주석, 남정석, 규선석, 각섬석, 백운모, 고령토
   2) 반려암
   3) 고령토
   4) 석회암, 대리암

2.

	A	B	C	D	E
광물명	석영	사장석	정장석	흑운모	각섬석

3. 1) 편마암
   2) 높은 압력 또는 압력
   3) 석탄기와 페름기, 상부 고생대, 고생대 후기, 후기 고생대
   4) 평안누층군
   5) 안산암
   6) 수렴경계
   7) 석회암
   8) 캄브리아기와 오르도비스기, 전기 고생대, 하부 고생대, 고생대 하부
   9) 방해석
   10) 형석

4. 1) ㉮ 사장석, ㉯ 각섬석, ㉰ 휘석
   2) 다색성
   3) 사장석, 감람석, 휘석과 같은 FeO, MgO 및 CaO가 주 구성성분인 광물들의 분별정출작용 때문에
   4) 사장석, 휘석 및 각섬석의 분별정출시 Na_2O와 K_2O는 소모되지 않는다. 따라서 이들의 함량은 마그마의 분화과정 동안 상대적으로 증가한다.
   5) A암석: 안산암, B암석: 현무암

5. 1) 휘석, 각섬석, 운모
   2) 방향에 따른 결합력의 차이에 기인한다. 방향에 따라 결합력의 차이가 있으면 결합력이 약한 방향으로 쪼개짐이 나타나고, 모든 방향으로 결합력이 같거나 비슷하면 깨짐이 나타난다.

3) 각섬석: 주상(길쭉하게, 침상 등), 흑운모: 판상(납작하게 등)

4) 양이온과의 결합

6. 1) C층: (셰일, 사암), B층: (셰일, 혼펠스), A층: (석영, 반암), 2) 암상(Sill)

- 셰일 : 구성 입자의 직경이 1/256 mm이하, 쪼개짐 발달
- 사암 : 구성 입자의 직경이 1/16 - 2 mm
- 혼펠스 : 셰일이나 이암이 접촉 변성 작용을 받아 생성
- 석영 반암 : 심성암 중 세립질의 석기에 석영 반정을 포함하는 암석

7. 1) ㉠, ㉡, ㉢

2) 암석 (가): 이암(셰일), 화강암, 사암

암석 (나): 이암(셰일)

8. 1. 화산재, 2. 응회암, 3. 현무암, 4. 유문암, 5. 반려암, 6. 화강암

9. ㉣, ㉤

10. b

11. a

12. ㉠, ㉡, ㉢, ㉥

13. 1) ②

2) 퇴적물의 압력에 의해 알껍질의 상부가 깨짐.

알의 내부는 퇴적물로 채워지고 하부의 형태는 거의 원형으로 보존됨.

14. 1) 생성순서 : 연흔 → 새 발자국 화석 → 건열

2) 근거 1: 연흔 위에 새 발자국 화석이 보존 ∴ 연흔 > 새 발자국 화석

근거 2: 새 발자국 화석을 건열이 절단 ∴ 새 발자국 화석 > 건열

15. 1) 횟수 : 3번

2) 판단근거 : 부정합 관계 (I - 경사부정합, N - 평행부정합(비정합))

: 현재 지표에 노출된 암석

16.

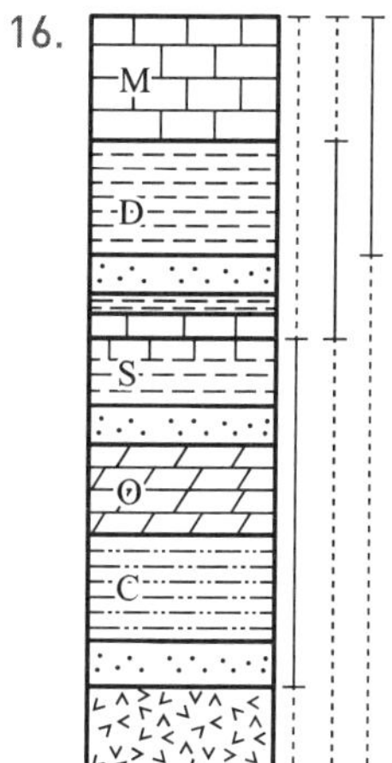

17. 1) 밀도가 작은 지각이 밀도가 큰 맨틀 위에 떠 있다. 두꺼운 지각은 더 깊은 뿌리를 가지고 있다.

2) (나)

해양지각은 대륙지각보다 얇고 밀도가 높은 물질로 구성되어 있다. 혹은 대륙지각은 해양지각보다 두껍고 밀도가 낮은 물질로 구성되어 있다.

3) 대륙지각은 밀도가 다른 물질로 구성되어 있다. 두꺼운 (대륙)지각은 상대적으로 밀도가 낮다. 혹은 얇은 (해양)지각은 상대적으로 밀도가 높다.

18. 1) 빙하기에는 전지구적 얼음의 부피가 증가하고 시추코어의 산소동위원소 값($^{18}O/^{16}O$)도 증가한다.

2) 약 10만 년 단위의 주기적인 지구 기후변화는 밀랑코비치에 의한 천문학적 이론에 입각하여, 지구 공전 궤도 이심률과 자전축 경사의 변화 및 세차운동의 조합에 의해 발생하는 것으로 해석되고 있다.

3) 약 2만 6천 년 전~1만 9천 년 전

19. 1) 화강암의 풍화는 대개 수평과 수직 방향으로 생성된 절리면을 따라서 진행되므로 블록모양이 되며, 블록의 모서리 부분이 더 빠르게 풍화되므로 시간이 지나면 둥그런 거력의 형태로 발달하게 된다.

2) 라테라이트 : 주로 (아)열대 기후 지역에서 풍화에 의해서 생성되는 산화철과 알루미늄이 풍부한 홍토층이다.

보크사이트 : 장석이 풍부한 암석이 비가 많고 배수가 잘 되는 열대성기후 지역에서 풍화될 때 생성되는 알루미늄이 풍부한 광상이다.

20. 1) 주향 : N-S

경사방향 : West

2) 퇴적순서 : (C) → (B) → (A)

3) 단층의 종류 : 정단층

21.

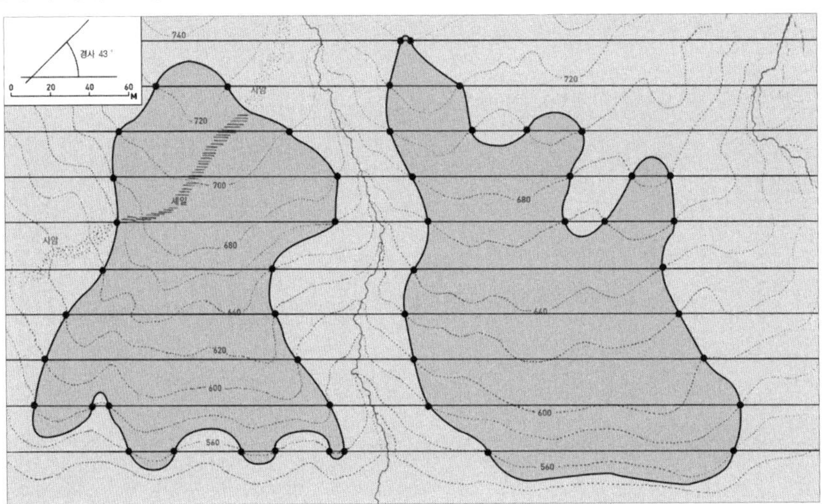

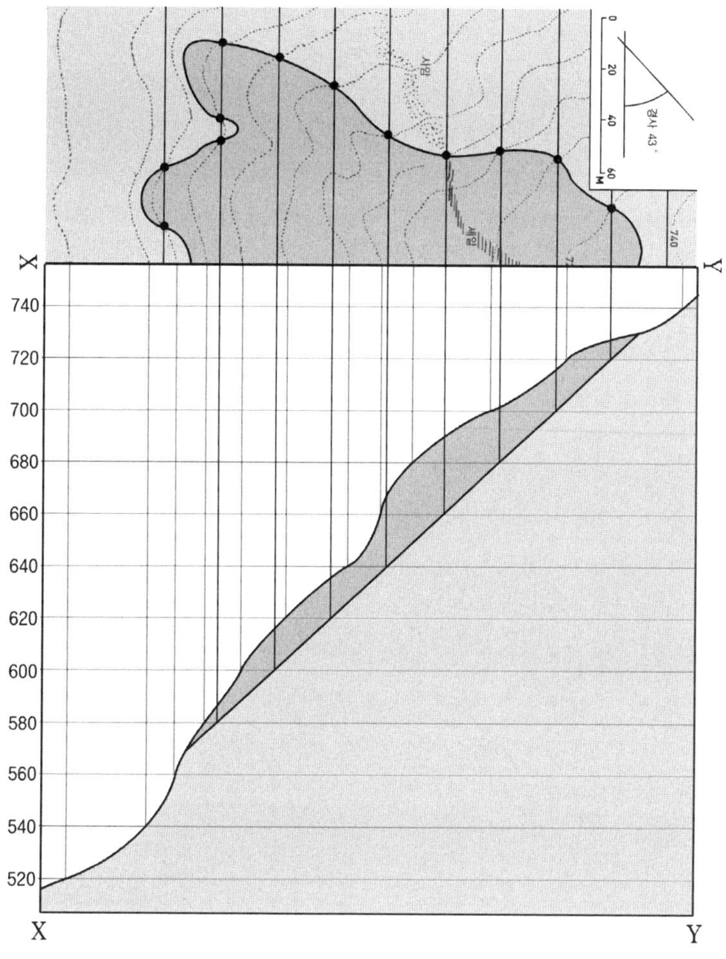

22. 일반적으로 뼈, 이빨 껍데기 등과 같이 단단한 부분이 있는 생물이 화석으로 남기 쉽다. 그러나 이러한 생물은 전체 생물에 비하여 양적으로 빈약하다. 화석화되기 위해서는 단단한 부분이 있는 생물이 파손되지 않은 상태에서 퇴적물로 급히 묻혀야만 한다. 또한 퇴적물로 묻힌 후에도 암석화되는 과정과 지각 변동 과정에서 화석이 보존되지 않는 경우가 흔하다. 이러한 여러 가지 이유로 화석 기록은 불완전하다고 할 수 있다.
23. 우리나라 남부의 백악기 지층 분포지는 당시에 선상지, 하천, 호수, 범람원 등이 있었던 육성 환경이었다. 암모나이트는 중생대의 대표적인 표준 화석이나, 이는 해성 환경에 살았던 연체 동물이다. 따라서 이들은 지금까지 발견된 바 없다.
24. 조직 : 원마도, 분급, 입도, 기질(matrix)의 함량
퇴적구조 : 층리, 사층리, 와상중첩구조(imbrication), 점이층리

25. 겉씨식물은 종자식물 중에서 씨가 겉으로 드러나는 식물을 말하며 나자식물이라고도 한다. 중생대의 대표적인 겉씨식물은 구과식물, 은행나무, 소철을 들 수 있다.

26. 1) 「지구의 이론」이라는 논문을 통하여 현대 지질학의 기초를 이룬 영국의 지질학자로 동일과정설의 주창자로 알려져 있다.

2) 영국 지질학의 아버지로 알려지고 있는 학자로 최초의 영국 지질도를 만들고 동물군천이의 법칙을 발표하였다.

3) 「지질학의 원리」라는 명저를 남기고 동일과정설을 탄생시킨 영국의 지질학자로 지질학의 근대적 체계를 확립하였다.

4) 프랑스의 생물학자로 최초로 진화론을 제시하였다.

5) 영국의 생물학자이고 박물학자로서 1859년 「종의 기원」이라는 명저를 통하여 진화론을 발표하였다.

27. 대량 멸종은 거시적인 생물군의 다양성과 개체수가 급속히 감소하는 현상이다. 화석기록이 빈약한 시생대와 원생대의 멸종 사건을 예측하기는 어려우나 고생대 이후부터 다섯 번의 대량 멸종 현상이 있었음이 알려져 있다. 이들은 1. 오르도비스기 말, 2. 데본기 말, 3. 페름기 말, 4. 트라이아스기 말, 5. 백악기 말에 발생하였다. 대량 멸종은 경쟁을 통한 적자생존의 결과로 볼 때 진화적인 중요성을 지닌 것으로 생각할 수 있다. 예를 들자면 백악기 말의 대량 멸종은 포유류와 파충류의 생존경쟁에서 중생대의 지구를 지배하였던 공룡 등이 멸망하고 포유류가 신생대 지구의 지배자가 된 결과로 나타나게 되었다. 대량 멸종의 원인으로는 화산 폭발, 해수면의 변화, 운석 충돌, 대륙 이동과 분포 등 다양한 주장이 제기되어 있으며, 많은 논란의 여지가 있다.

28. 붉은공: Si, 흰공: O

29. 광물 내부의 규산염사면체의 결합구조가 판상구조이기 때문이다.

30. 퇴적암의 특징으로는 층리, 사층리, 점이층리, 건열, 연흔(물결자국), 화석 등이 있다.

31. 우상층리와 스트로마톨라이트는 조간대 환경을, 건열과 새눈 구조는 조상대 환경을 나타낸다.

32. 패여서 깎인 구조는 아래 지층을 절단하며, 공룡 발자국은 아래의 층리가 아래로 오목하게 휘어진다.

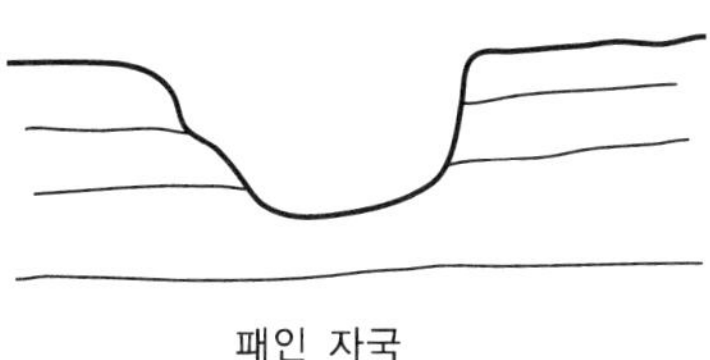

패인 자국

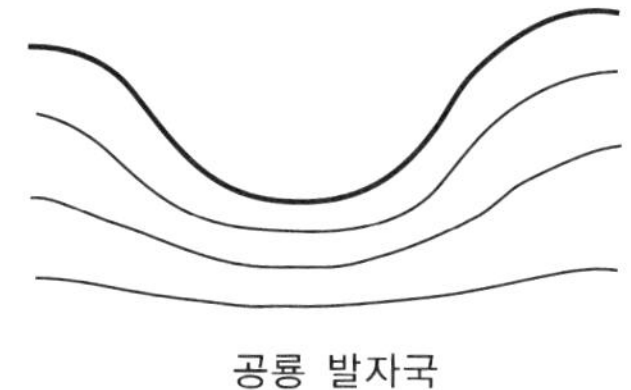

공룡 발자국

33. 습곡 축이 수직인 습곡을 그리면 된다.

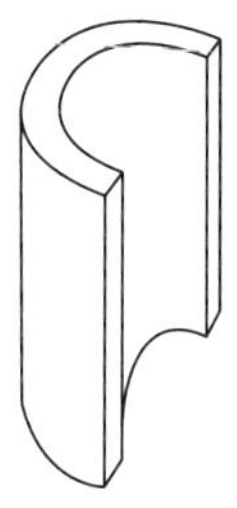

한국지구과학올림피아드(KESO)

고체 지구과학 내권 · 역장 분야 기출문제

1. 지진의 규모에 대한 설명으로 옳은 것을 모두 고르시오.

a) 지진계에 기록된 최대 진폭을 이용하여 구한다.
b) 소수점으로 값이 나올 수 있다.
c) 진원으로부터 멀어질수록 지진 규모는 작아진다.
d) 지진파의 속도는 규모에 비례한다.
e) 규모를 이용하여 지진에 의해 방출된 에너지를 추정할 수 있다.

2. 지진파가 전파할 때, 지진파 속도와 피해 정도에 관한 다음 설명 중 옳은 것은?

a) 지진에 의한 피해는 연약한 지반보다 단단한 지반에서 더 크게 일어난다.
b) 진앙거리가 같더라도 단단한 지반보다 연약한 지반에서 진도가 더 작다.
c) 매질의 입자간 결합력이 약한 곳은 입자 진동의 폭이 작아진다.
d) 지진파 속도는 단단한 암석에서는 빨라지고, 연약한 암석에서는 느려진다.
e) 지진파 속도는 동일한 암석을 통해서 전파할 때, 진앙으로부터 거리가 멀어질수록 감소한다.

3. 어느 지역에서 발파를 하여, 발파점(★)으로부터 거리별로 설치된 지오폰(수진기)에 처음으로 기록된 지진파의 주행시간이 다음과 같이 나타났다.

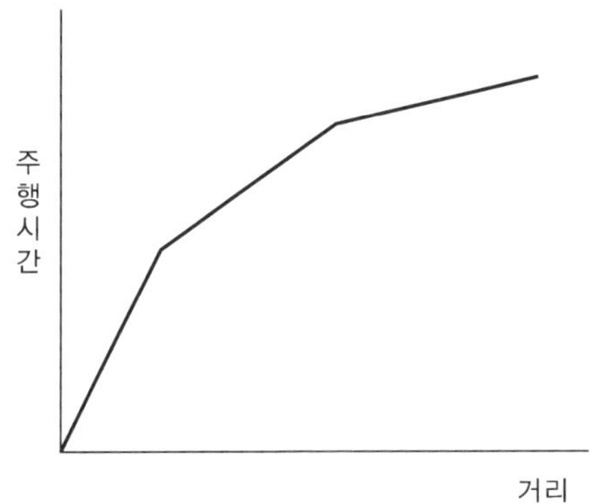

다음 중에서 위의 그림과 같은 주시가 가장 유사하게 나타날 수 있는 지하구조는?
(단, V_1, V_2, V_3는 각 층에서의 전파 속도를 나타낸다.)

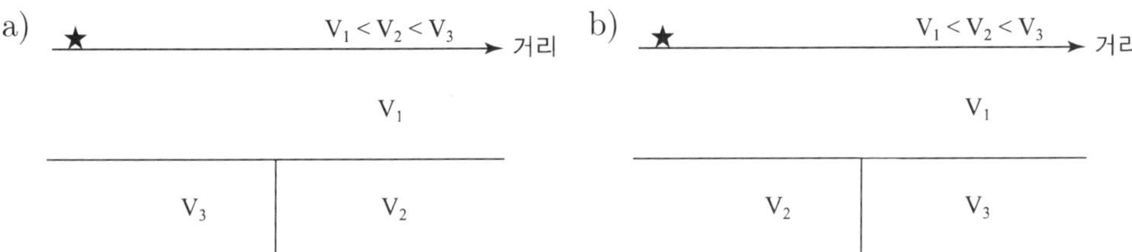

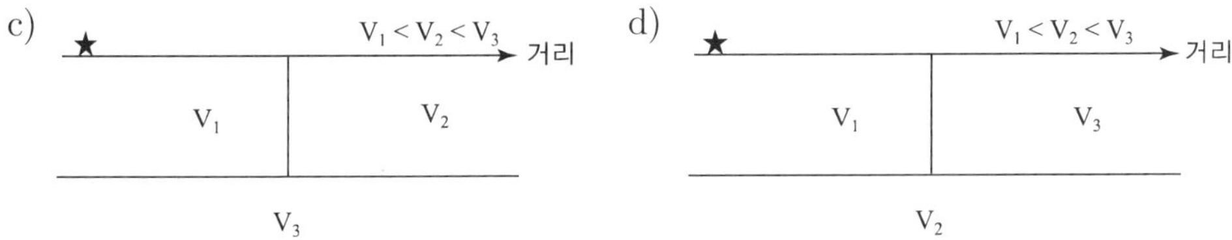

e) ★ $V_1 < V_2$ 거리

V_2 V_1

4. 철수는 고지자기 연구가 대륙 이동의 중요한 증거로 제시되었다는 내용을 지구과학 수업 시간에 듣고, 인터넷에서 다음과 같은 그림을 찾았다. 그림은 1900년과 2005년, 전 세계의 지구자기장을 측정하여 작성된 국제 표준 지구자기장(IGRF) 분포의 편각 성분을 나타낸 것이다.

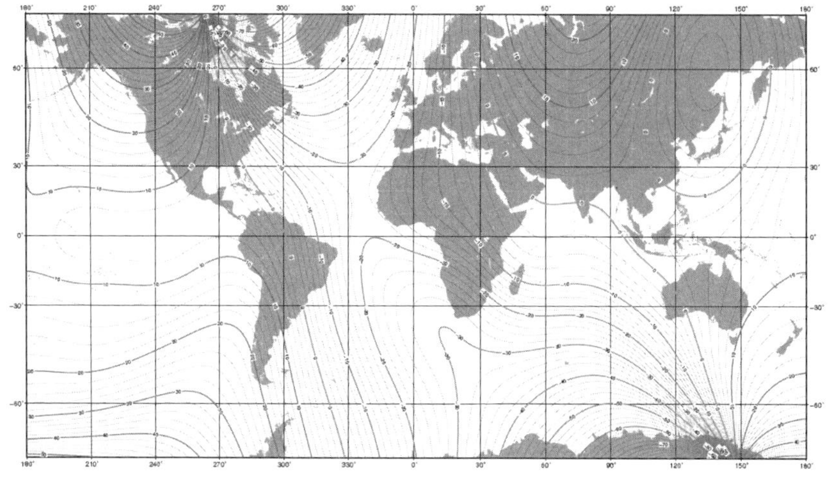

(가) 1900년의 표준 지구자기장 편각 분포

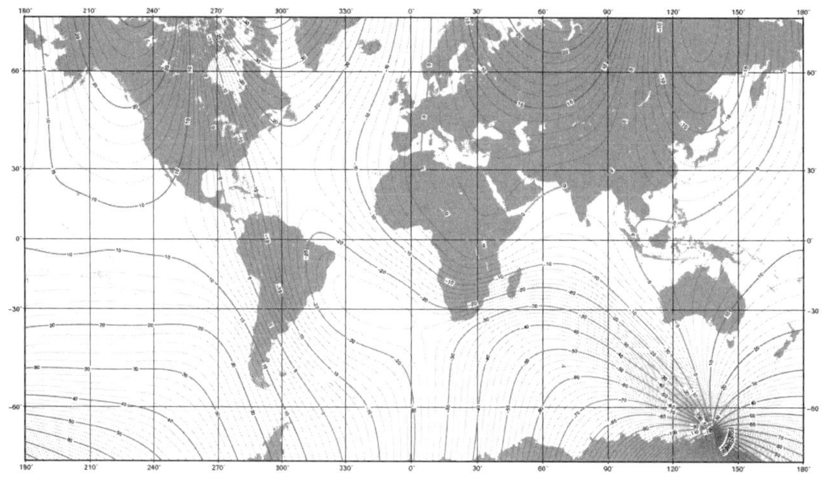

(나) 2005년의 표준 지구자기장 편각 분포

다음 각각의 질문에 대한 괄호 안의 내용 중에서 그림과 고지자기 연구에 대한 설명으로 맞는 것에 동그라미로 표시하시오.

1) 2005년도에 한반도에서 편각은 동서방향보다 남북방향으로 변화가 더(크다, 작다).

2) 편각의 분포에 따르면 자극은(이동한다, 이동하지 않는다).

3) 고지자기 자료를 이용하여 고생대 말에서 중생대까지의 대륙의 이동을 연구할 경우, 자극은 평균적으로(이동하였다고, 고정되었다고) 가정한다.

5. 아래 그림은 어떤 관측소에 기록된 지진 기록이다. 처음 P파가 도착한 이후 S파가 도착할 때까지의 A구간에서 진동이 기록되고 있다. A구간에서 관측된 진동에 대한 설명으로 옳지 않은 것은?

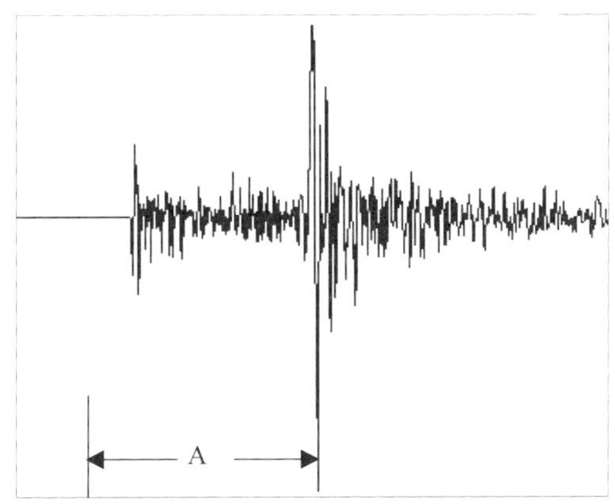

a) 관측된 진동은 모두 P파에 의한 것이다.
b) 실체파의 분산효과에 의한 것이다.
c) 반사파가 포함되어 있다.
d) 파가 전파해오는 경로의 차이로 나타난 것이다.
e) 굴절파가 섞여있을 수 있다.

6. 아래 그림은 알래스카 지역에서 발생한 지진의 진앙과 등진도선을 그려 넣은 등진도도이다. 등진도선은 일반적으로 진앙을 중심으로 동심원 형태로 나타나지만, 아래와 같이 다른 경우도 있다. 이렇게 나타나는 이유로 가장 적당한 것은?

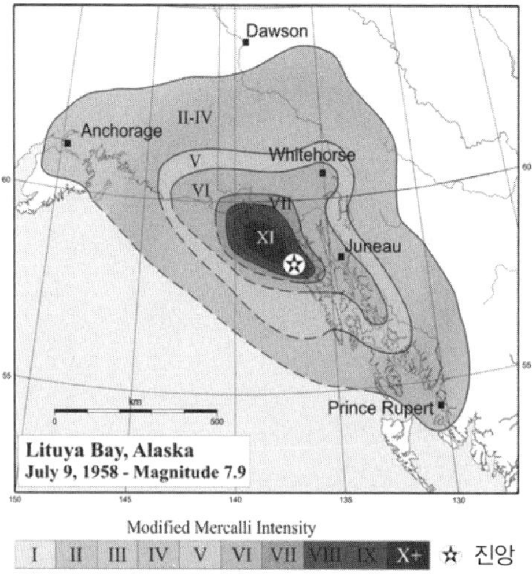

a) 각 관측지점마다 규모가 다르므로

b) 각 관측지점마다 지진파가 전달되는 매질이 다르므로

c) 각 관측지점마다 진원의 깊이가 다르므로

d) 각 관측지점마다 P－S 시간이 다르므로

e) 각 관측지점마다 지진계의 특성이 다르므로

7. Richter 지진 규모에 대한 설명 중 틀린 것을 고르고 그 이유를 설명하시오.

a) 진원으로부터 100 km 떨어진 곳에서 지진계에 기록된 최대 진폭을 이용하는 것으로 정의한다.

b) 음의 값이 나올 수 없다.

c) Richter 규모가 1 차이 날 때, 진폭은 10배 차이나며 에너지는 대략 30배 차이 난다.

d) 지진파가 전달되는 매질을 고려해서 규모를 결정해야 한다.

8. 지구자기장에 대한 다음 설명 중 맞지 않는 것은?

a) 지구자기장의 발생 원인은 외핵 내부의 강력한 자성체에 의한 것이다.

b) 과거 자기장의 방향을 측정하여 대륙 이동을 확인하였다.

c) 지구 내부에 쌍극자 형태의 자석이 들어있는 것은 아니다.

d) 지구자기장은 태양풍으로부터 지구를 방어하는 기능을 가진다.

e) 북반구에서 사용하는 나침반이 남반구에서는 원활히 작동하지 않는다.

9. 아래 그림은 습곡지대에서 암석의 자화 방향을 측정한 것이다. 그림에 대한 설명으로 틀린 것은?

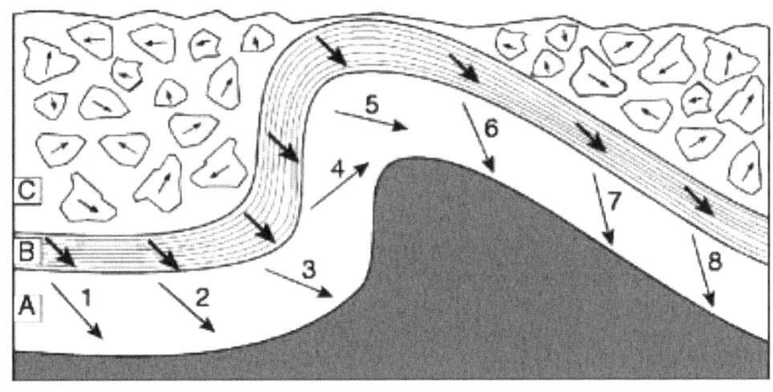

a) A층 암석의 자화는 습곡 작용을 받기 전에 이루어졌다.

b) B층 암석은 습곡 작용을 받고 자화가 이루어졌다.

c) C층 암석은 자화 이후에 회전하면서 퇴적이 이루어져 방향이 일정하지 않다.

d) 자화 방향을 측정해서 자화가 습곡 작용 전후 언제 이루어졌는지 알 수 있다.

e) 4번 위치의 암석은 7번 위치의 암석보다 연령이 높다.

10. 다음의 빈 칸에 적당한 숫자를 채워 넣으시오.

지진규모가 1이 증가할 경우 진폭은 (　　　)배, 에너지는 약 (　　　)배 증가한다.

11. 그림은 세 판 A, B, C의 분포와 이동방향을 보여준다. 판 A와 B는 해양판이고, 판 C는 대륙판이다. 등시선은 같은 시간을 나타내는 선이다.

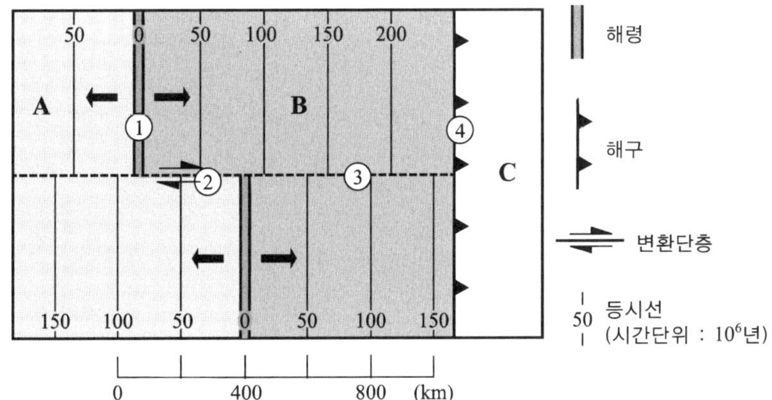

1) 가장 오래된 해양지각이 형성된 지질시대(기 단위로 제시)는?

2) A판에 대한 B판의 이동속도는?

3) 그림의 ①, ②, ③, ④ 지역 중에서 지진이 빈번히 발생할 수 있는 지역을 모두 선택하시오.

4) 그림의 ①과 ④ 지역에서 산출되는 암석을 각각 한 가지씩 쓰시오.

12. 그림과 같이 미국 샌프란시스코에서 현지시간 오전 10시에 서울을 향해 출발한 비행기가 한국시간 다음날 오후 4시에 인천공항에 도착하였다. 이 사실만을 이용하여, 지구 표면을 기준으로 하는 비행기의 평균 각속도가 지구자전 각속도보다 빠른지, 늦은지에 대해 답하고 그 이유를 설명하시오(단, 본 문제에서 제시된 이외의 정보를 이용하여 계산하지 마시오).

13. 지구의 어느 한 지점으로부터 탐험가가 다음과 같은 경로를 따라 여행을 하였다고 가정하자.

> 정남쪽을 향해 5,000 km을 간 후, 정서쪽을 향해 5,000 km, 이후 정북쪽을 향해 5,000 km, 마지막으로 정동쪽을 향해 5,000 km를 갔더니 처음 출발한 위치로 다시 돌아왔다.

이 경우, 이 탐험가의 최초 출발점의 위도는 얼마인지 풀이 과정과 함께 답하시오(단, 지구는 완전한 구의 형태이고, 지구의 둘레는 총 40,000 km라 가정한다).

답: (   )

풀이과정:

14. 세 지점에서의 P파와 S파의 주행시간을 이용하면 진앙을 결정할 수 있다. GPS 위성을 이용하여 좌표를 결정할 때도 이와 같은 방법을 이용할 수 있다.

1) GPS 위성을 이용하여 지구에서의 3차원 좌표(위도, 경도, 높이)를 결정할 때 최소한으로 필요한 위성의 수와 그 방법을 설명하시오.

2) GPS 위성은 지구타원체를 기준으로 좌표를 결정한다. 그런데 정확한 고도를 측정하기 위해서 지오이드에 대한 정보가 더 필요하다. 그 이유를 쓰시오.

15. 터키에서 발생한 규모 4의 지진이 런던에서 관측되었고, 한 달 뒤에 동일한 장소에서 단층운동에 의해 규모 8의 지진이 다시 발생하였다.

1) 런던에서 기록한 두 번째 지진의 지진파형은 첫 번째 지진과 비교할 때 얼마나 더 클까?

2) 규모 8인 지진 하나의 세기는 규모 4인 지진 몇 개가 동시에 일어난 것과 같을까?

16. 그림은 판 A, B, C의 위치와 각각의 경계부에서 나타나는 판 경계 종류를 보여준다. B판은 변환단층을 경계로 A판에 대해 일 년에 50 mm씩 남동 방향으로 이동한다(AVB = 50 mm/년). 또한 C판은 해령을 경계로 A판에 대해 동남동 방향으로 일 년에 60 mm씩 이동한다(AVC = 60 mm/년). B판에 대한 C판의 이동 방향과 상대속도(BVC)를 구하시오(단, 변환단층의 주향은 N15°W이고, 해령축의 방향은 N15°E이다).

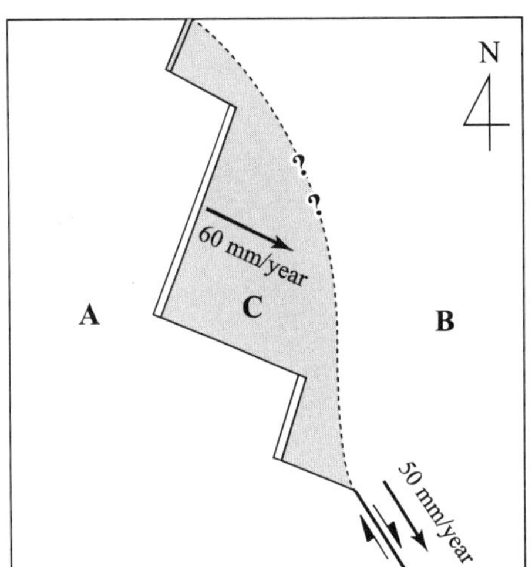

17. 세 관측점에서의 P-S 시간을 이용하여 진앙의 위치를 결정할 때, 그림에서와 같이 계산으로 결정된 진앙 위치와 실제 진앙 위치가 다른 경우가 있다. 그 이유를 간단히 설명하시오(단, 기계의 오차는 없다고 가정한다).

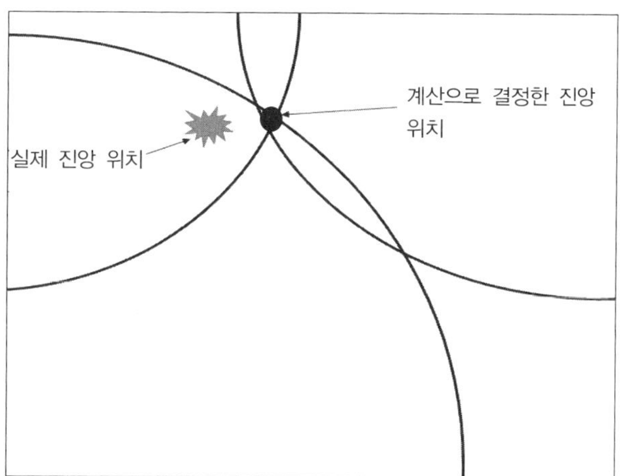

18. 어떤 지역에서 다이나마이트를 source로 하는 탄성파 탐사를 실시하였다. 지표면 아래 수직 방향으로 지진파 속도를 달리하는 두 개 층이 존재한다. 이때, 지표면으로부터 두 층의 경계면까지의 두께를 h 라고 하자. 수평거리가 $x = 0$, h, 2h, 5h, 10h인 곳에 직접 도달하는 직접파와 두 층의 경계에서 반사해 올라오는 반사파 사이의 도달 시간 차이를 계산하라. 답은 $x = 0$ 일 때의 반사파 도달시간(주행시간)으로 표현하라. 단, 수평방향으로 각층의 속도는 일정하다.

19. 다음 표는 어떤 탄성파 탐사에서 거리에 따라 기록된 직접파, 반사파, 임계굴절파인 P파의 주행시간(도달시간)과 발파점으로 부터의 거리를 나타낸다.

1) 자료의 그래프를 그려라.

2) 지표면 아래 두 층의 속도를 각각 구하라.

3) 두 층 경계면까지의 깊이를 구하라.

발파점으로부터의 거리	직접파의 주행시간(ms)	반사파 주행시간(ms)	굴절파 주행시간)ms)
0			
50	29	115	
100	56	124	
150	83	139	139
200	111	157	155
250	139	178	171
300	167	200	187
350	195	224	203
400	222	248	219
450	250	274	236
500	278	299	252
550	306	325	268
600	333	351	284
650	361	378	300
700	389	404	316

정답 및 해설

1. a, b, e
2. d
3. a
4. 1) 크다. 2) 이동한다. 3) 고정되었다고
5. b
6. b
7. d, 전달매질을 고려하지 않음.
8. c
9. e
10. 10, 30
11. 1) B판의 해구 부근에서 약 250 Ma의 암석이 존재하므로 지질시대는 Triassic에 해당

    2) A판에 대한 B판의 이동속도 $= \dfrac{\Delta x}{\Delta t} = \dfrac{400 \text{ km}}{50 \times 10^{6}\text{년}} = 8 \text{ mm/년}$

    3) ①, ②, ④ 지역

    4) ① 지역: 현무암 ④ 지역: 고압-저온 또는 중압-중온의 광역변성작용에 해당되는 암석. 따라서 에클로자이트, 청색편암, 천매암, 편암, 편마암 중 한 가지 제시.
12. 비행기의 평균 각속도가 지구의 각속도보다 느리다.

    비행기의 각속도가 지구의 자전속도와 같다면, 지구의 자전과 반대방향으로 비행기가 진행하므로 서로 상쇄되어서, 샌프란시스코에서 10시에 출발했다면 서울에도 10시에 도착해야 한다. 그러나 6시간이 늦은 오후 4시에 도착했으므로 비행기의 각속도가 지구의 각속도보다 느리다.
13. 북위 22.5도

    지구둘레에 비교할 때, 5000 km는 지구의 곡률이 고려가 되어야 하는 큰 거리이다. 정남, 정북으로 이동하는 경로가 적도에 대칭이 되지 않는 경우, 정서, 정동 방향으로 걷는 거리에 상응하는 경도각에 차이가 생기기 때문에 제자리로 돌아올 수 없다. 정남, 정북으로 이동하는 경로는 적도에 대칭이 되어야 한다. 이 경우, 출발점에서 적도까지의 이동거리와 지구둘레의 비율 2500 km/40000 km는 위도/360°와 동일하기 때문에, 위도는 22.5°가 된다. 초기 진행방향이 남향이므로, 북반구에서 출발하여야 한다.

14. 1) 최소 4개 이상

PS시를 이용하여 진앙을 결정할 때는 지표가 고정되어 있기 때문에 3개의 지점에서 지진을 관측하면 된다(그림 이용 가능). GPS 위성은 전자파의 도달 시간 차이를 이용하여 지상의 수신기와의 거리를 구할 수 있으며, 거리가 같은 곳을 모두 연결하면 구이다. 이때, 구와 구가 만나면 원을 만들고, 그 원과 구가 만나면 호를 만들고, 호와 구가 만나면 한 점을 결정할 수 있다. 따라서 3차원의 좌표를 결정하기 위해서는 1개의 정보가 더 필요하다.

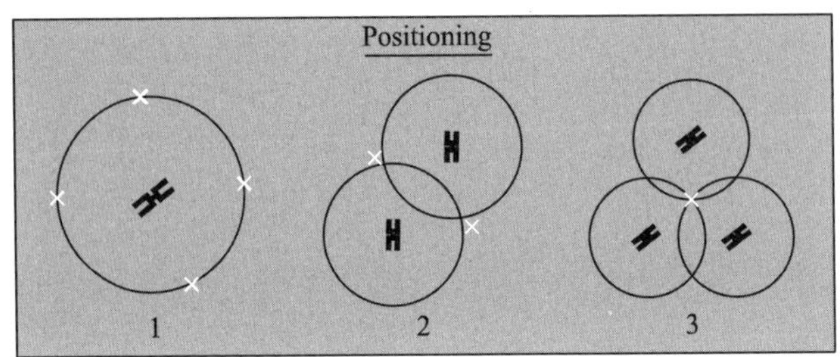

z좌표가 고정되어 있을 때의 위치 결정 방법

2) GPS 위성은 지구타원체를 기준으로 3차원 좌표를 결정한다. 그러나 우리가 사용하는 해발 고도는 지오이드를 기준으로 하므로, 그 지점에서의 지구타원체와 지오이드 사이의 차이를 더해줘야 실제 고도가 나온다.

15. 1) M(규모) $\propto \log A$(진동), $A \propto 10^M$

$$\therefore \frac{A_8}{A_4} = \frac{10^8}{10^4} = 10^4 \text{배}$$

2) $\log E = 11.8 + 1.5M$(E : 에너지, M : 규모)일 때,

$$E = 10^{11.8 + 1.5M}$$

$$\frac{E_8}{E_4} = \frac{10^{11.8 + 1.5 \times 8}}{10^{11.8 + 1.5 \times 4}} = 10^6 \text{배},$$

따라서 10^6번의 지진이 동시에 일어난 것과 같다.

16. 55.67 mm/year

따라서 방향은 북동 방향이다.

B판에 대한 C판의 상대속도(BVC)는 코사인 법칙을 이용하여

$a^2 = b^2 + c^2 - 2bc\cos A$

$(\text{BVC})^2 = 602 + 502 - 2 \times 60 \times 50 \times \cos 60$

$\text{BVC} = \sqrt{3100} = 55.67$ mm/year

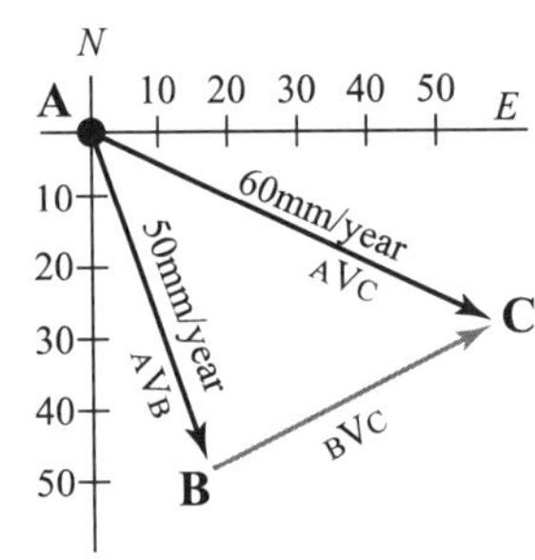

17. - 지진이 발생한 곳과 관측된 곳 사이의 지진파의 속도가 관측소마다 다른 경우(불균질한 암석 분포, 매질이 다름).

- 진원 깊이가 깊어지는 경우.
- 관측소가 한쪽으로 몰려있는 경우

18. 반사파의 도달 시간(T_r)은

$$T_r = \sqrt{t_0^2 + (\frac{x}{v_1})^2}$$

이고, 직접파의 도달 시간(T_0)은

$$T_0 = \frac{x}{v_1}$$

이므로, 도달 시간 차(ΔT)는

$$\Delta T = T_r - T_0 = \sqrt{t_0^2 + (\frac{x}{v_1})^2} - \sqrt{(\frac{x}{v_1})^2} = \frac{t_0^2}{\sqrt{t_0^2 + (\frac{x}{v_1})^2} + \sqrt{(\frac{x}{v_1})^2}}$$

이다. 또한, $x = 0$일 때의 반사파 도달시간(t_0)은

$$t_0 = \frac{2h}{v_1}$$

이다. 이제 $x = 0,\ h,\ 2h,\ 5h,\ 10h$일 때 직접파와 반사파의 도달 시간 및 도달 시간 차를 계산하면 다음과 같다.

	직접파	반사파	도달 시간 차
0	0	$t_0 = \frac{2h}{v_1}$	$t_0 = \frac{2h}{v_1}$
h	$\frac{h}{v_1}$	$\frac{\sqrt{5}h}{v_1}$	$\frac{(\sqrt{5}-1)}{2}t_0$
2h	$\frac{2h}{v_1}$	$\frac{2\sqrt{2}h}{v_1}$	$(\sqrt{2}-1)t_0$
5h	$\frac{5h}{v_1}$	$\frac{\sqrt{29}h}{v_1}$	$\frac{(\sqrt{29}-5)}{2}t_0$
10h	$\frac{10h}{v_1}$	$\frac{2\sqrt{26}h}{v_1}$	$(\sqrt{26}-5)t_0$

19. 1)

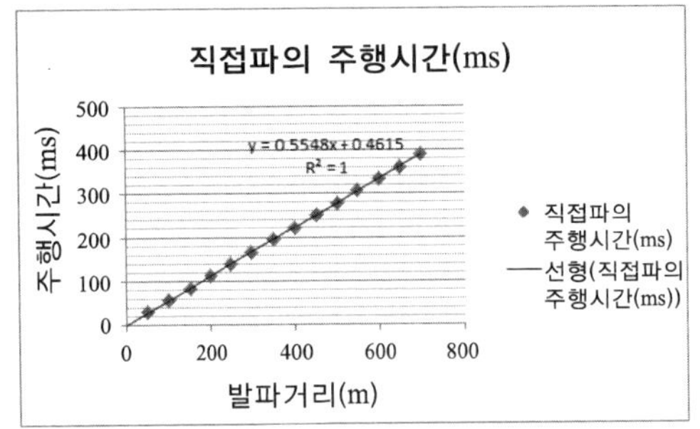

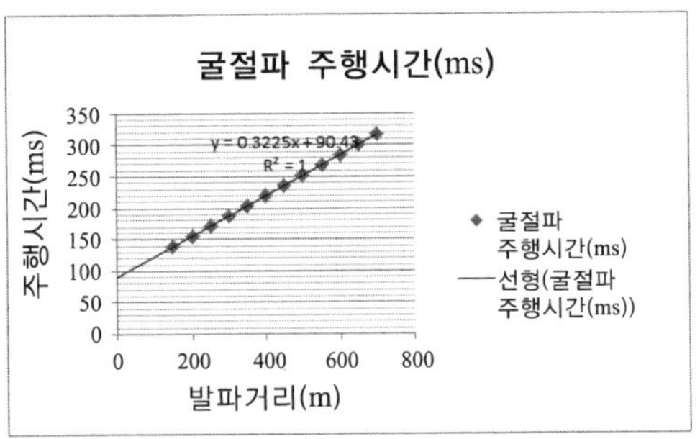

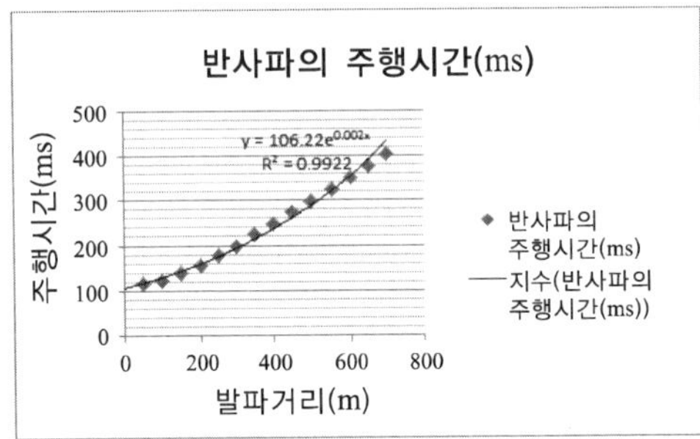

2) 직접파 속도(V_1)는 직접파 주행시간 그래프의 기울기(m_1)의 역수이고, 반사파 속도(V_2) 도 역시 주행시간 그래프의 기울기(m_2)의 역수이므로,

$$V_1 = \frac{1}{m_1} = 1.80(\mathrm{m/ms}),\ \ V_2 = \frac{1}{m_2} = 3.10(\mathrm{m/ms})$$

3) 굴절파 주행시간(T_f)는

$$T_f = \frac{x}{V_2} + \frac{2h_1\cos\theta}{V_1}$$

일 때, 경계면까지의 깊이(h_1)은 굴절파 주행시간의 시간절편(t_1)에서의 값을 통해 구할 수 있다.

$$t_1 = 90.43(\mathrm{ms}) = \frac{2h_1\cos\theta}{V_1},\ \ \sin\theta_c = \frac{V_1}{V_2}$$

이므로,

$$\theta_c = \sin^{-1}(\frac{V_1}{V_2}) = 35.50$$

이다.

따라서 $\cos\theta_c = 0.814$이고, $V_1 = 1.80\ (\mathrm{m/ms})$이므로,

$$h_1 = \frac{(90.43 \times 1.80)}{(2 \times 0.814)} \fallingdotseq 100\ \mathrm{m}$$

한국지구과학올림피아드(KESO)

유체 지구과학 기권 분야 기출문제

1. 대기는 아래의 (가)~(라)와 같이 온도분포를 기준으로 4개의 층으로 구분한다. 다음의 각 층에 대한 설명 중 틀린 것은?

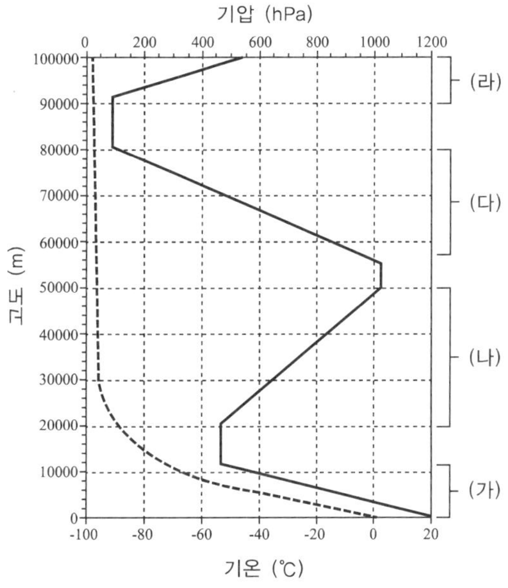

a) (가)층은 대류에 의해 구름이 발생하고 강수현상이 나타난다.

b) (나)층에서는 오존의 자외선 흡수에 의해 고도에 따라 기온이 상승한다.

c) (다)층은 강수현상이 나타나지 않는다.

d) (라)층에서는 질소나 산소에 의한 가시광선의 흡수에 의해 고도에 따라 기온이 상승한다.

e) (가)층의 두께는 고위도로 갈수록 얇아진다.

2. 정역학평형 상태에서 그림과 같은 기압의 연직 분포를 갖는다면, 다음 설명 중 맞는 것은?

a) 지상에서부터 10,000 m까지의 공기의 질량은 10,000 m에서 50,000 m까지의 질량과 같다.
b) 연직 기압경도는 고도에 따라 일정하다.
c) 5,500 m 높이에서 단위부피에 포함된 산소의 양은 지상의 약 1/10이다.
d) 공기의 밀도는 고도에 따라 감소한다.
e) 현재보다 중력이 커지면 지상 기압은 감소한다.

3. 다음 그림은 겨울철 어느 날 한반도의 지상 일기도이다. 다음 설명 중 일기도로부터 분석할 수 있는 내용이 아닌 것은?

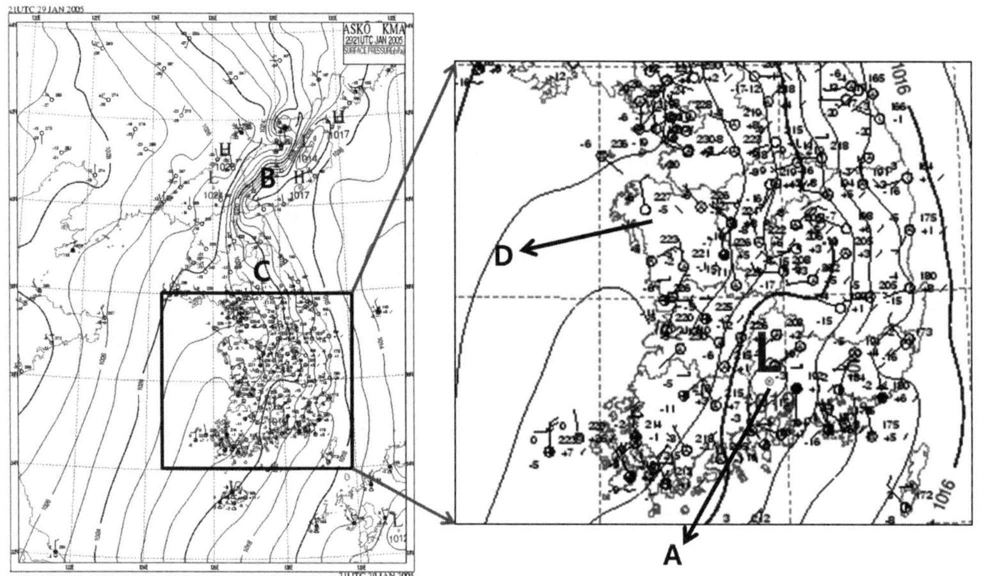

a) 한반도는 주로 남동풍이 불고 있다.
b) 한반도는 시베리아 기단의 영향을 받고 있다.
c) A 지역에서는 주로 상승기류가 나타난다.
d) B의 풍속은 C의 풍속보다 크다.
e) D의 날씨는 맑다.

4. 그림은 어느 두 계절에 나타난 지상의 바람과 등압선 분포이다.

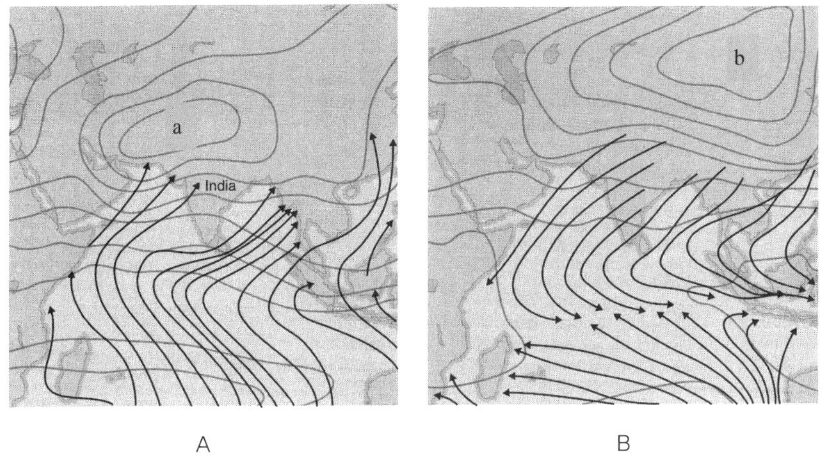

다음 1)~5)의 참과 거짓을 판별하시오.

	참	거짓
1) A는 겨울철 바람과 기압분포를 나타낸다.	( )	( )
2) A시기에 열대수렴대는 북반구로 치우쳐 있다.	( )	( )
3) b에는 저기압이 위치해 있다.	( )	( )
4) 인도의 강수량은 A보다 B시기에 많다.	( )	( )
5) B시기 한반도 주변에는 서고동저형의 기압분포가 나타난다.	( )	( )

5. 그림은 위도와 고도에 따른 동서방향의 풍속(m/s)를 나타낸 것이다(단, 양의 값은 서풍을, 음의 값은 동풍을 의미한다). 이에 대한 설명으로 옳지 않은 것은?

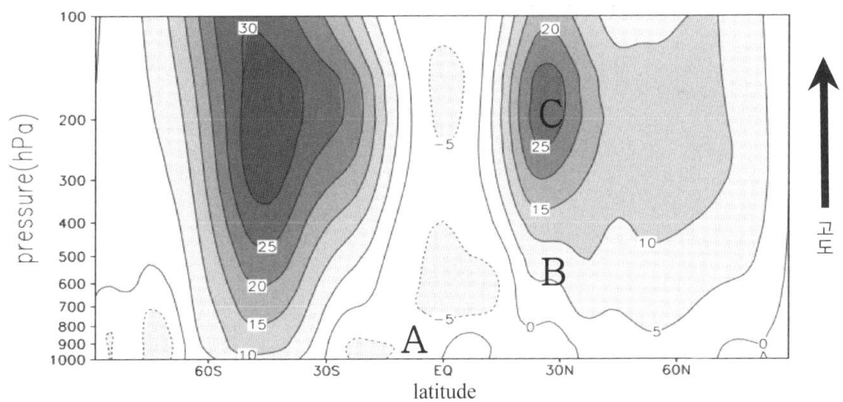

a) A에는 무역풍이 나타난다.

b) B의 풍속은 A보다 크다.

c) C에는 제트기류가 나타난다.

d) B에 작용하는 기압경도력은 C보다 크다.

e) 남반구 중위도에 편서풍대가 존재한다.

6. 그림은 어느 날 500 hPa 일기도이다. 중위도 저기압이 발달하는 지역을 표시하고 그렇게 생각한 이유를 20자 이내로 쓰시오(저기압 발달 구역: 그림에 직접 표시하시오).

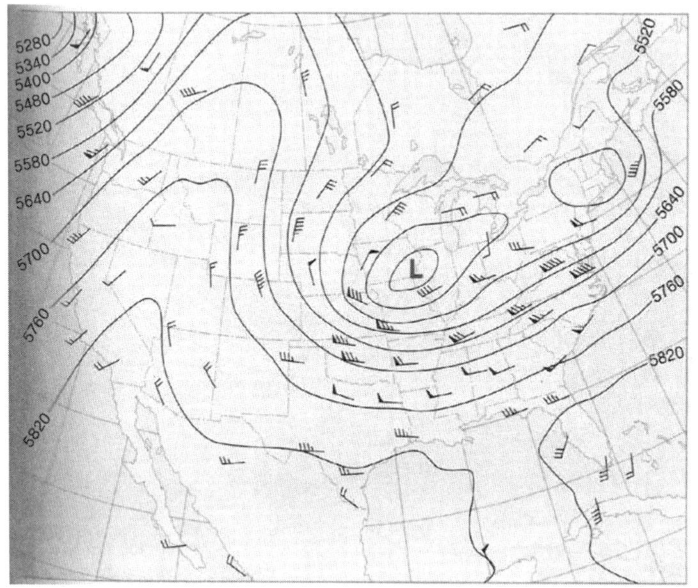

이유 :

7. 그림은 평년과 엘니뇨 시기의 열대 태평양의 구조를 순서 없이 나타낸 것이다.

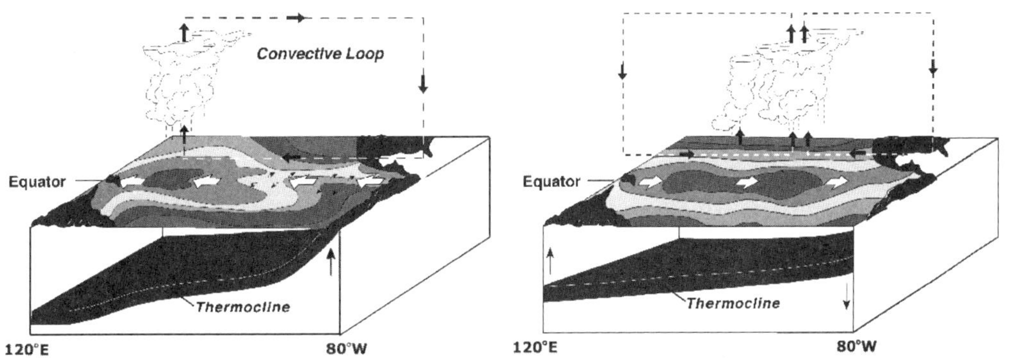

평년과 비교하여 엘니뇨 시기에 나타나는 특징으로 옳지 않은 것은?

a) 무역풍이 약화된다.

b) 수온약층의 동서방향 경사가 커진다.

c) 워커순환의 상승역이 동쪽으로 이동한다.

d) 동태평양의 수온이 증가한다.

e) 서태평양의 기압이 증가한다.

8. CFCs가 성층권 오존층을 파괴하는 과정을 설명하시오.

9. 태풍과 토네이도는 강한 저기압성 바람을 동반하지만, 작용하는 힘의 평형관계는 다르다. 각각의 힘의 평형관계를 비교하여 설명하시오.

10. 아래 표는 건구온도와 건습구온도차(건구와 습구온도의 차)를 사용하여 1,000 hPa 면에서 상대습도를 구하는 것이다. 아래 물음에 답하시오.

건구온도 (°C)	건습구온도차($T_d - T_w$)(°C)																			
	1	2	3	4	5	6	7	8	9	10	11	12	13	14	15	16	17	18	19	20
−20	28																			
−18	40																			
−16	48	0																		
−14	55	11																		
−12	61	23																		
−10	66	33	0																	
−8	71	41	13																	
−6	73	48	20	0																
−4	77	54	32	11																
−2	79	58	37	20	1															
0	81	63	45	28	11															
2	83	67	51	36	20	6														
4	85	70	56	42	27	14														
6	86	72	59	46	35	22	10	0												
8	87	74	62	51	39	28	17	6												
10	88	76	65	54	43	33	24	13	4											
12	88	78	67	57	48	38	28	19	10	2										
14	89	79	69	60	50	41	33	25	16	8	1									
16	90	80	71	62	54	45	37	29	21	14	7	1								
18	91	81	72	64	56	48	40	33	26	19	12	6	0							
20	91	82	74	66	58	51	44	36	27	21	15	10	4	0						
22	92	83	75	68	60	53	46	40	33	27	21	15	10	4	0					
24	92	84	76	69	62	55	49	42	36	30	25	20	14	9	4	0				
26	92	85	77	70	64	57	51	45	39	34	28	23	18	13	9	5				
28	93	86	78	71	65	59	53	47	42	36	31	26	21	17	12	8	4			
30	93	86	79	72	66	61	55	49	44	39	34	29	25	20	16	12	8	4		
32	93	86	80	73	68	62	56	55	46	41	36	32	27	22	19	14	44	8	4	
34	93	86	81	74	69	63	58	52	48	43	38	34	30	26	22	18	14	11	8	5
36	94	87	81	75	69	64	59	54	50	44	40	36	32	28	24	21	17	13	10	7
38	94	87	82	76	70	66	60	55	51	46	42	38	34	30	26	23	20	16	13	10
40	94	89	82	76	71	67	61	57	52	48	44	40	36	33	20	25	22	19	16	13

1) 건구온도가 10 °C이고 습구온도가 5 °C이라면, 상대습도는 얼마인가?

2) 동일한 건구온도에서 건습구온도차가 크면, 상대습도는 감소한다? 그 이유는 무엇인가?

3) 동일한 건습구온도차에서 건구온도의 온도가 올라가면, 상대습도는 증가한다. 그 이유는 무엇인가?

4) 상대습도가 증가할 수 있는 두 가지 방법에 대해서 설명하시오.

5) 하루 중 상대습도가 최저일 때와 최고일 때는 보통 언제인가?

11. 아래에 제시한 3지역의 클라이모그래프(기후도표)에 대한 물음에 답하시오.

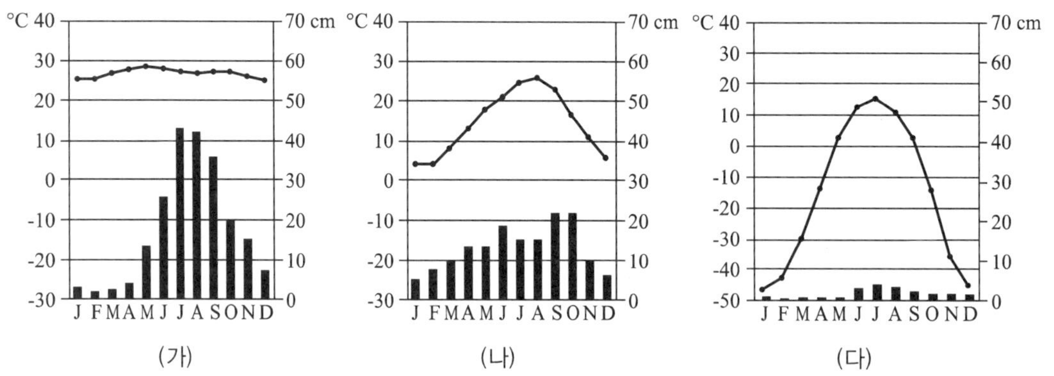

1) 각각의 클라이모그래프가 어느 지역(열대, 중위도, 한대)에 속하는지 지적하시오.

2) 각각의 클라이모그래프의 기온 패턴(연교차로 설명)과 강수량 패턴에 대해서 설명하시오.

3) 위의 3개의 클라이모그래프에서 위도가 증가하면 연교차(가장 더운 달의 평균기온과 가장 추운 달의 평균기온의 차)는 어떻게 되었는가? 그 이유를 설명하시오.

4) 위의 3개의 클라이모그래프에서 위도가 증가하면 강수량이 어떻게 되었는가? 그 이유를 설명하시오.

12. 아래 그림은 대양의 심층 순환을 보여주고 있다. 다음 물음에 답하시오.

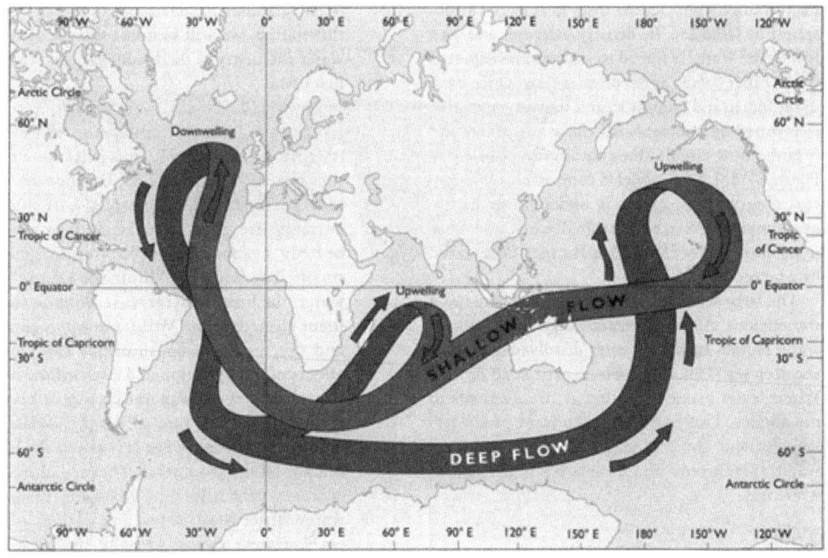

(b) SURFACE AND DEEP WATER EXCHANGE

1) 지구 온난화가 지속되면 대양의 수온과 염분은 어떻게 변할까? 그 이유는?

2) 온난화에 따라 수온과 염분이 변하면 아래에서 보여주는 대양의 심층 순환은 어떻게 변할까?

3) 지구 온난화로 심층 순환이 변하면 지구의 위도별(적도와 유럽을 예로 들어 설명하시오) 기온은 어떻게 변할까?

4) 심층 순환의 변화로 지구의 위도별 기온이 변하면 지구 환경에(태풍과 관련하여) 어떠한 일이 일어날까?

5) 심층 순환을 보여주는 아래 지도를 이용하여 빙하의 분포, 심층수 순환 모습, 온난화에 따른 위도별 수온 변화, 태풍 발생 지역 등을 그리면서 설명하시오.

13. 아래 그림은 공기 덩이가 산맥 위를 강제로 상승하는 경우를 나타낸 것이다. 산맥의 풍상측의 해수면 상의 기온은 25 °C이고 이슬점 온도는 13 °C이다.

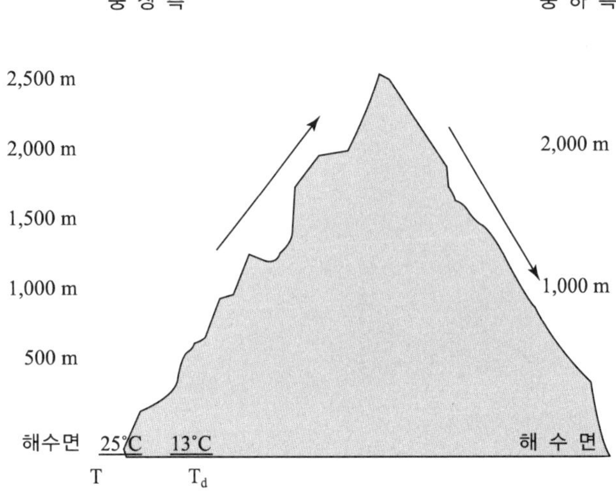

1) 산맥의 풍상측과 풍하측의 2000 m 높이에서의 공기 덩이의 온도와 이슬점 온도를 그림에 기입하시오. 단, 포화단열감률은 5 °C/km로 가정한다.

2) 구름 밑면인 치올림 응결고도(LCL)의 고도는 얼마인가?

3) 풍하측 해수면 상의 기온과 이슬점 온도는 얼마인가?

4) 연중 풍향이 일정하다면 풍하측 해안가에 사막이 나타나는가? 만약 나타난다면 그 이유와 이런 경우의 사막을 무엇이라 부르는가?

14. 공기 중의 포화수증기의 양은 온도에 따라 증가한다(아래 표를 참조). 어떤 공기(A라고 함)의 온도가 −20 °C이고 수증기의 양(공기 1 kg당)이 0.5 g이다. 기압이 일정하다고 가정하여 아래의 물음에 답하시오.

온도(°C)	포화혼합비[수증기(g)/공기1kg]
−40	0.1
−30	0.3
−20	0.75
−10	2
0	3.5
5	5
10	7
15	10
20	14
25	20
30	26.5
35	35
40	47

1) 온도가 25 °C이고 수증기의 양(공기 1 kg당)이 10 g인 공기 B가 있을 때, A와 B 중에서 상대습도가 높은 것은? 계산식을 적어서 비교하시오.

2) A와 B의 공기 온도가 각각 5 °C/시간과 1 °C/시간의 비율로 증가한다. 또, 수증기의 양은 0.1/시간과 0.2/시간의 비율로 증가할 때, A와 B중 어느 것이 상대습도의 증가율이 큰가? 계산식을 적어서 표를 사용하여 비교하시오.

15. 하층에서 강제 상승 요인에 의해 지표의 공기 덩어리(초기 40°C−주변대기의 온도가 같음)가 상승하기 시작하였다. 고도 2 km에서 구름이 형성되었다. 다음 물음에 답하시오 [주변대기의 기온감률은 8 °C/km라고 가정함].

1) '고도 2 km의 구름 속의 기온은 주변의 기온보다 높다'는 맞는 진술인가? 틀리다면 그 이유는?

2) 이 공기가 부력에 의해 자발적 상승을 시작하는 고도는? 계산식을 적어 설명하시오.

3) 안정된 하층에서는 강제상승, 상층에서는 부력에 의한 자발적 상승이 이루어지는 이러한 대기의 안정상태를 이르는 용어는?

16. 강수과정은 크게 두 가지 과정이 있다. 그중 하나로서, 차가운 공기 중에서는 눈이 형성되어 내릴 수 있는데, 내리는 과정에서 비나 진눈깨비로 바뀔 수도 있다. 상승하는 공기 중의 수증기는 응결핵을 중심으로 구름방울로 응결되는데, 이들은 결빙핵이 있는 경우에도 온도가 보통 −10 °C가 되어도 잘 얼지 않는다(즉, 과냉각 물방울 형성: 순수한 물은 −40 °C까지도). 다음의 두 가지 사실을 이용하여 얼음 결정이 성장하여 눈 결정을 만드는 과정을 설명하시오.

[두 가지 사실]

㉠ 공기 중에 수증기가 포화(수증기압 100 %)되면 물방울이 형성된다.

㉡ 결빙핵을 중심으로 얼음결정이 형성되어, 과냉각 물방울과 공존할 경우, 얼음결정의 표면에서의 포화수증기압은 과냉각 물방울 표면에서의 포화수증기압보다 낮다.

17. 그림 (가)와 (나)는 각각 어느 지역의 기온과 상대습도의 변화(기압은 해면기압으로 가정함)를 그림 (다)는 평균 해면기압에서의 포화수증기량을 나타낸 것이다. 다음 1), 2), 3)의 서술이 각각 맞는지 틀린지를 말하고 그 이유를 설명하시오.

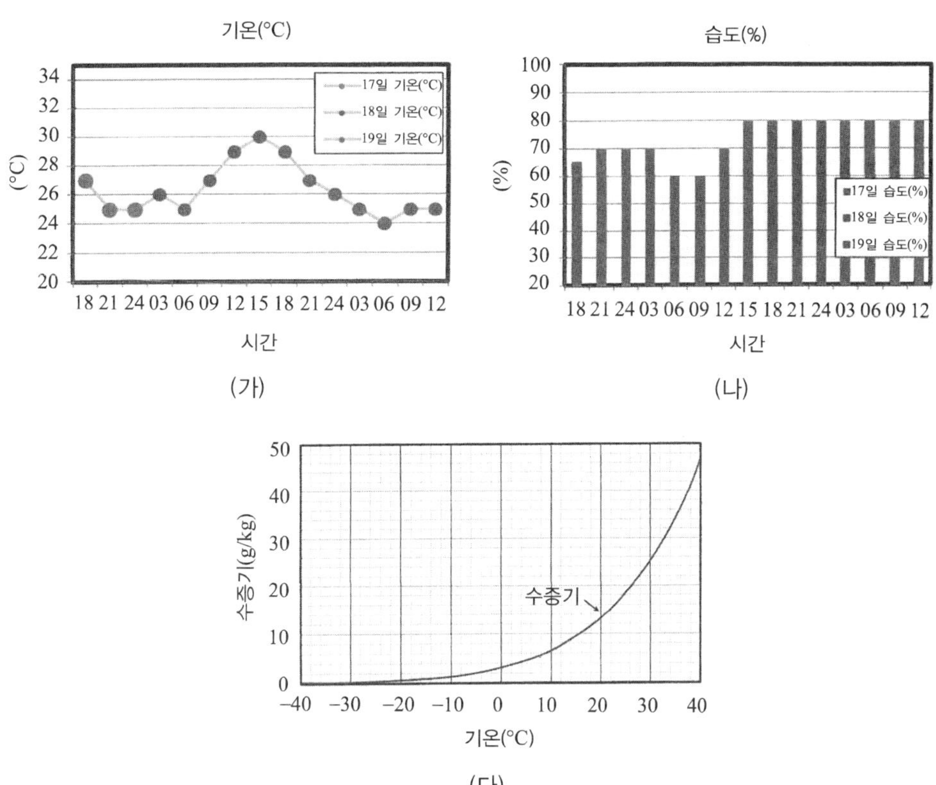

(가) (나)

(다)

1) 18일 21시부터 19일 06시까지는 공기 중의 수증기량의 감소율이 일정하였다.

2) 수증기의 양이 가장 많은 시각은 18일 15시이다.

3) 수증기량이 가장 많이 증가한 것은 18일 09~12시이다.

18. 그림은 한반도 남서부 지역에서 폭설이 내렸을 때의 위성사진과 이 지역에서 관측된 단열선도를 나타낸 것이다. 폭설이 생성되는 과정을 추론하여 설명하시오.

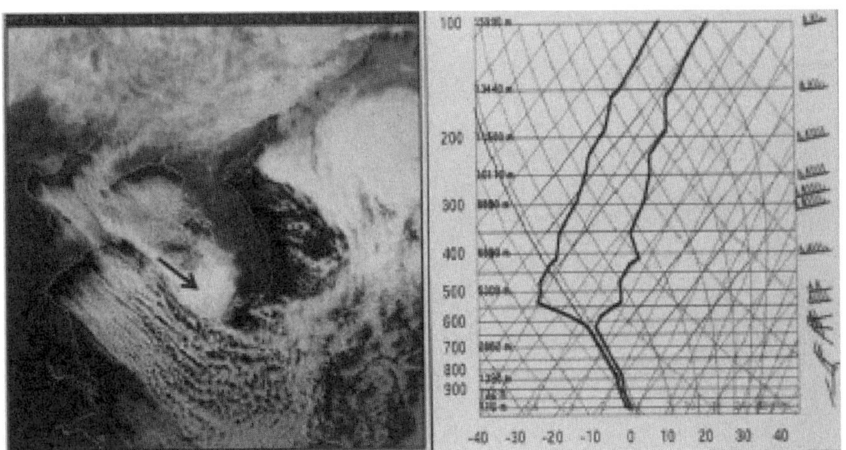

19. 다음은 2013년 8월 15일 우리나라 주변의 (가) 지상일기도, (나) 500 hPa 일기도, (다) 300 hPa 일기도이다.

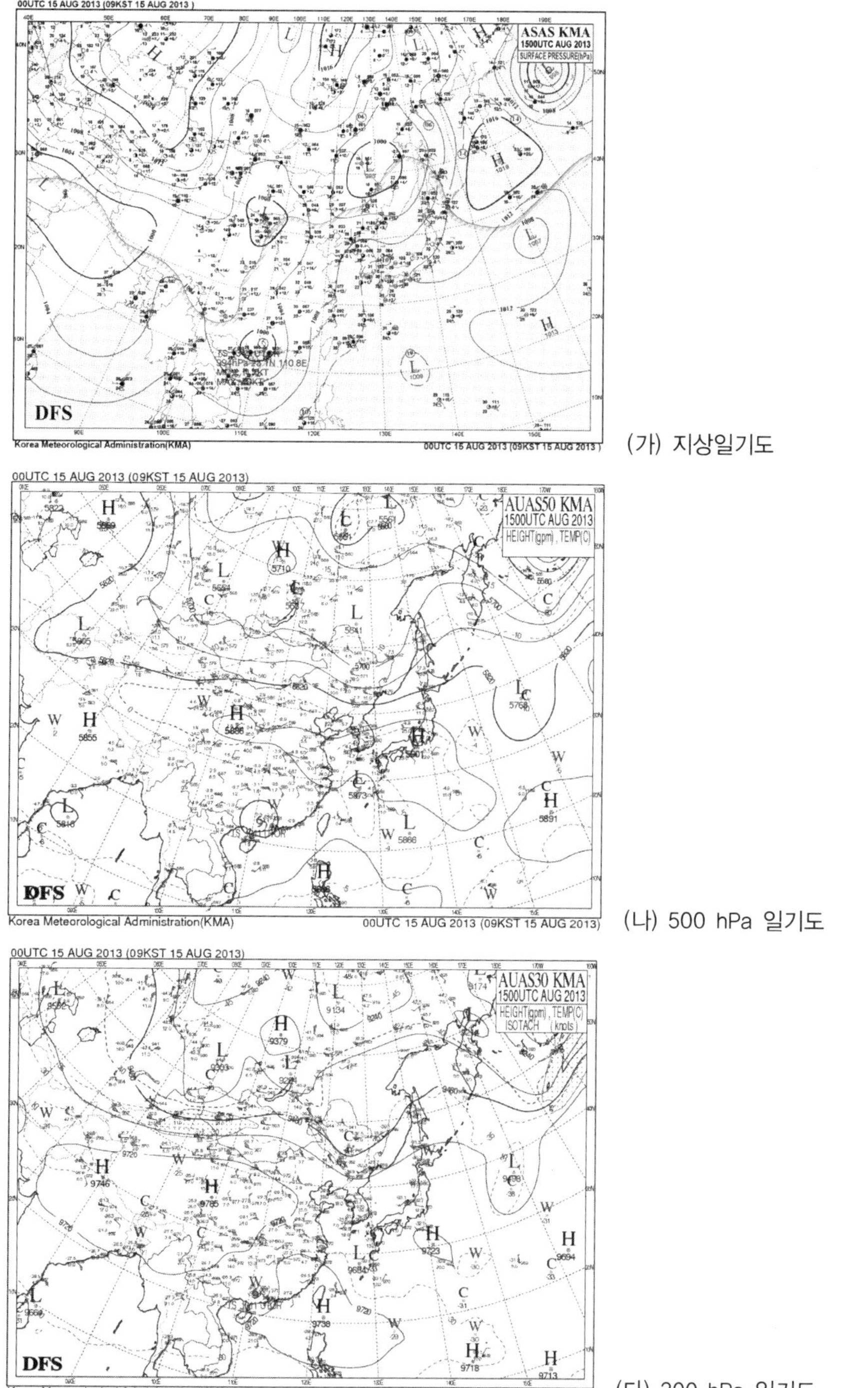

(가) 지상일기도

(나) 500 hPa 일기도

(다) 300 hPa 일기도

1) 일기도를 해석한 내용 중 옳은 것을 모두 고르시오.

a) 지상일기도를 통해 우리나라 중부 지방에는 남서풍의 덥고 습한 공기가 유입되고 있다.

b) 지상일기도에서 초록색의 선은 장마전선으로 북태평양 고기압의 확장으로 한반도 북쪽으로 올라가 있다.

c) 500 hPa 일기도에서 보이는 편서풍 파동의 진폭이 크게 발달하지 않는 것은 남북간의 온도차가 크기 때문이다.

d) 500 hPa 일기도의 편서풍 파동, 300 hPa에서 제트류는 지상일기도에서 온대성 저기압 발달에 영향을 준다.

e) 300 hPa 일기도에서 한반도 남쪽에 제트류가 발달되어 있는 것을 볼 수 있다.

2) 상층일기도에는 두 개의 등치선이 그려져 있다. 등치선의 이름을 쓰시오.

3) 한반도 주변에서는 지상일기도, 500 hPa 일기도에서 보다, 300 hPa 일기도에서 바람이 더 빠르게 발달하는 이유를 간단하게 기술하시오.

4) 300 hPa 일기도에서 제트류가 직선이 아닌 곡선으로 움직이고 있다면 여기에 작용하는 힘들을 기술하시오.

20. 다음의 보기는 여러 규모의 바람들을 나열한 것이다. 물음에 답하시오.

[보기]

해륙풍 산곡풍 경도풍 태풍 평균자오면순환 편서풍파동

1) 보기의 바람들을 부등호 (<, >, =)를 사용하여 작은 규모에서부터 큰 규모로 나열해 보시오.

2) 전향력의 영향을 받지 않는 바람을 쓰시오.

3) 가장 발달한 단계에서 바람에 작용하는 힘을 원심력과 기압경도력으로 나타낼 수 있는 것은?

4) 온대성 저기압 발달에 가장 크게 영향을 주는 바람은?

정답 및 해설

1. d
2. d
3. a
4. 1) 거짓,　2) 참,　3) 거짓,　4) 거짓,　5) 참
5. d
6. 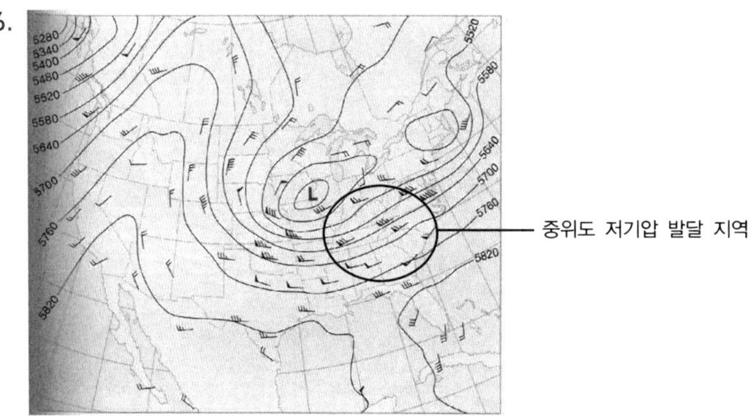

   이유 : 심층 기압골 동쪽에 발달한다.
7. b
8. (Cl 또는 염소원자)가 방출되며, 오존을 파괴하고 염소분자(O_2)와 염화산소(ClO)로 분해한다. 염화산소는 다시 산소원자(O)와 반응하여 산소분자와 염소원자를 생성한다. 이렇게 생성된 염소원자는 다시 오존을 분해하고 원상태로 돌아온다. 즉, 하나의 염소원자는 소멸하지 않고 지속적으로 오존 파괴를 반복하기 때문에 미량의 염소가 많은 오존을 파괴할 수 있다.

$$Cl + O_3 \Rightarrow ClO + O_2$$
$$O_2 \Rightarrow O + O$$
$$ClO + O \Rightarrow Cl + O_2$$

〈참고 그림〉

9. 토네이도 주변의 바람은 전향력이 무시될 수 있는 작은 규모의 바람인데 반하여, 태풍은 전향력을 고려하여야 하는 중규모 바람이다. 그러나 두 바람은 공통적으로 마찰력이 매우 약해서 원형의 바람 특성을 보인다. 즉 태풍에 작용하는 힘은 기압경도력, 전향력, 원심력이라고 볼 수 있고, 토네이도는 기압경도력과 원심력의 평형관계로 볼 수 있다.

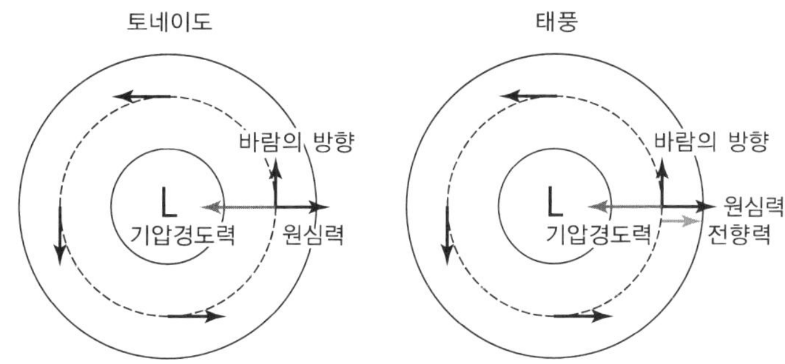

10. 1) 문제표에서 건구온도 10 ℃, 건습구온도차 5 ℃에 해당하는 값을 읽으면 43 %다.
   2) 건습구온도차가 크다는 것은 습구온도가 낮다는 것을 말한다. 이는 습구온도계에서의 증발이 많이 일어남을 의미하므로 대기중이 보다 건조, 즉 상대습도가 낮다는 것을 알 수 있다.
   3) 마찬가지로 건구온도가 높을수록 증발이 많이 일어난 것이므로 상대습도가 낮다.
   4) 첫 번째 방법은 증발량의 증가, 두 번째 방법은 기온의 감소이다.
   5) 온도의 영향에 의해 낮에 최저, 밤에 최고가 된다.

11. 1) (가) 열대, (나) 중위도, (다) 한 대
   2) (가) 연교차가 거의 없고, 강수량이 여름에 집중되어 있다.
      (나) 어느 정도 연교차가 있고, 강수량은 A보다 적다.
      (다) 연교차가 매우 크고, 강수량이 거의 없다.
   3) 위도가 증가할수록 대륙의 영향을 많이 받아 연교차가 커진다.
   4) 위도가 증가할수록 증발량이 감소하여 강수량이 줄어든다.

12. 1) 대양의 온도는 증가하며, 해빙의 융해로 인해 염분은 감소한다.
   2) 해수의 침강이 제대로 일어나지 않아 심층 순환이 점점 멈출 것이다.
   3) 적도 지역은 차가운 해수의 용승이 잘 일어나지 않아 기온이 상승하고, 유럽 지역은 남쪽으로부터의 따뜻한 해수의 공급이 중단되어 기온이 하강한다.
   4) 심층 순환의 변화로 적도지역의 차가운 해수의 용승이 잘 일어나지 않으면 기온이 상승하고 다량의 수증기를 공급받은 거대 태풍이 발생할 수 있다.
   5) 생략

13. 1) 응결 고도를 h라 하면, $25-10h=13-2h$에서 h = 1.5 km = 1500 m이다. 따라서 풍상측 1500 m에서의 기온과 이슬점 온도는 10 ℃이므로 풍상측 2000 m에서는 기온과 이슬점이 각각 7.5 ℃가 된다. 산맥의 꼭대기인 2500 m까지 올라간 공기의 기온과 이슬점

은 5 °C이다. 따라서 풍하측 2000 m까지 내려간 공기는 기온 10 °C, 이슬점 6 °C이다.

2) LCL은 1번 문제에서 구했듯이 1500 m이다.

3) 풍하측 해수면 상까지 내려간 공기의 기온은 30 °C, 이슬점은 10 °C이다.

4) 산맥을 넘어간 공기는 기온이 상승하고 이슬점이 하락하므로 고온 건조해진다. 따라서 풍하측은 상대 습도가 낮아져 사막이 생길 수 있다. 예로는 파타고니아 사막이 있다.

14. 1) 공기 A : $\frac{0.5}{0.75}\times 100 = 66.7$ % 공기 B : $\frac{10}{20}\times 100 = 50$ % 즉, 공기 A의 상대 습도가 높다.

2) 공기 A는 10시간 후 50 °C 상승하여 온도가 30 °C가 되고 수증기양은 1.5가 된다. 10시간 후 공기 A의 상대습도는 $\frac{1.5}{26.5}\times 100 = 5.7$ % 공기 B는 10시간 후 10 °C 상승하여 온도가 35 °C가 되고 수증기양은 12가 된다. 10시간 후 공기 B의 상대습도는 $\frac{12}{35}\times 100$ $= 34.3$ % 상대습도가 둘다 감소하여 증가율은 따질 수 없지만 상대습도가 적게 감소한 것은 B이다.

15. 1) 건조 단열 감률 (10 °C/km), 습윤 단열 감률(5 °C/km), 이슬점 감률(2 °C/km)라는 가정하에 문제를 풀면 '틀리다'이다. 강제 상승한 공기의 온도는 20 °C이지만 주변대기의 기온감률에 의한 주변공기의 온도는 24 °C이기 때문이다.

2) $40\,°\mathrm{C} - \{8\,°\mathrm{C/km} \times (h)\,\mathrm{km}\} = 20\,°\mathrm{C} - \{5\,°\mathrm{C/km} \times (h-2)\,\mathrm{km}\}\ h \approx 3.3\ \mathrm{km}$, 약 3.3 km 이후 주변공기의 온도와 2 km에서 포화된 후 습윤단열곡선을 따라 감소한 공기의 온도가 역전되므로 3.3 km 이후부터 자발적으로 상승한다.

3) 조건부 불안정

16. 구름의 온도는 0 °C보다 낮은 경우가 많은데, 이때 과냉각 물방울과 빙정이 공존한다. 과냉각 물방울의 포화수증기압과 빙정의 포화수증기압 중 빙정의 포화수증기압이 작으므로 과냉각 물방울에서는 증발이, 빙정에서는 응결이 계속 일어나 빙정이 커지며 무거워져 떨어지게 된다. 이때 빙정에서 응결이 일어날 때 조건에 따라 다양한 형태의 눈결정이 만들어진다.

17. 1) 공기 중 수증기량 감소율은 일정하였다. 왜냐하면 온도가 일정하게 하강하는 동안 상대습도가 일정했기 때문이다.

2) 온도가 가장 높고, 습도도 80 %로 가장 높으므로 수증기량이 가장 많은 시각은 18일 15시이다.

3) 18일 09~12시 수증기량이 가장 많이 증가하였다.

18. 시베리아 기단에서 발원한 차고, 건조한 공기가 우리나라로 유입되는 과정에서 서해 상공의 상대적으로 따뜻하고 습한 공기를 만난다. 이 과정에서 공기의 혼합비가 상승하여 포화혼합비에 도달하게 되어 폭설이 생성된다.

19. 1) a, b, d

2) 등고선, 등온선

3) 지면으로부터의 마찰에 의한 영향이 적고, 남북 간의 기온경도가 커서 기압경도력이 강하게 작용한다.

4) 기압경도력, 전향력, 원심력

20. 1) 산곡풍 〈 해륙풍 〈 태풍 〈 경도풍 〈 편서풍파동 〈 평균자오면순환

2) 해륙풍, 산곡풍

3) 태풍

4) 편서풍파동

한국지구과학올림피아드(KESO)

유체 지구과학 수권 분야 기출문제

[1~3] 아래 그림은 우리나라 동해에서 관측한 수온과 염분의 단면도이다. 아래의 물음에 답하시오.

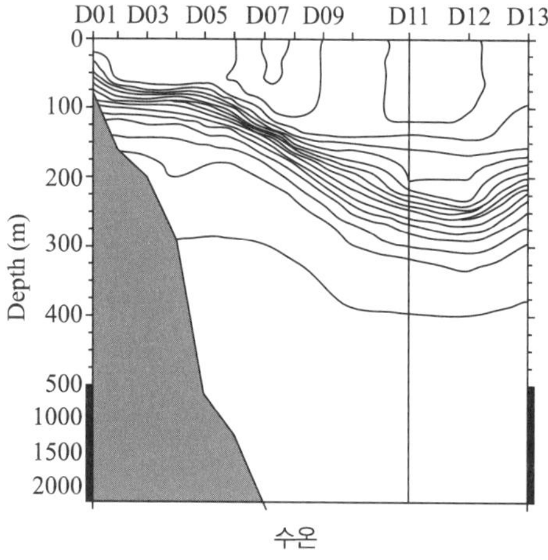

수온

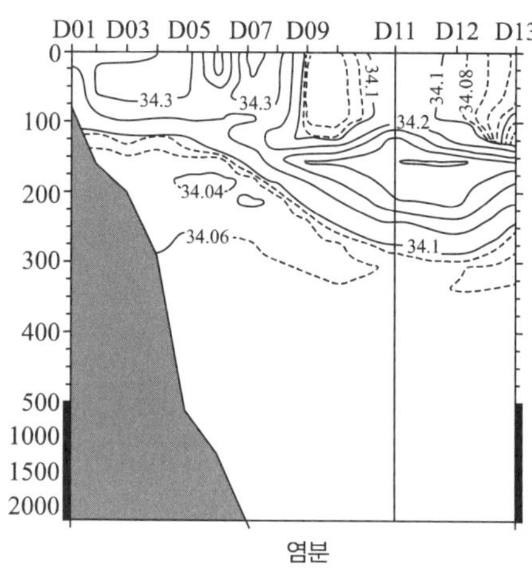

염분

1. 위의 자료는 어느 계절(월)에 관측한 자료인가? 그 이유를 수온 분포(구조)를 중심으로 설명하시오.

a) 겨울(12월)
b) 봄(5월)
c) 여름(7월)
d) 가을(9월)

2. 위의 자료를 관측한 이후 약 3개월이 지났을 때 수온 분포가 어떻게 변화할 것인지를 D11 정점을 중심으로 설명하시오(그림으로 나타내어도 좋음).

3. D11 정점에 수직선이 그려져 있다.

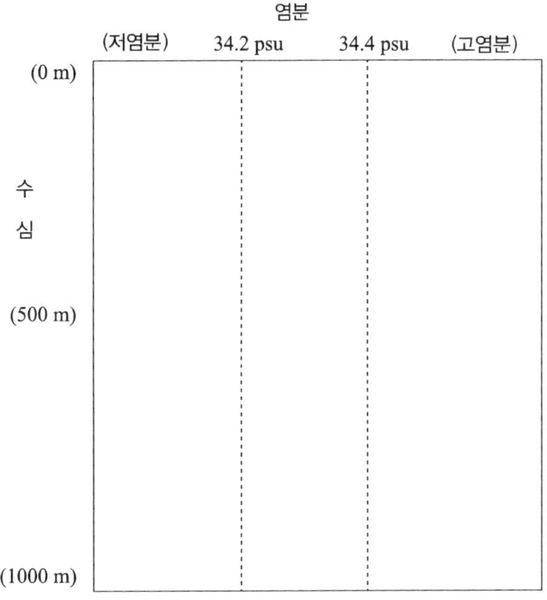

1) 이 수직선을 따라서 염분의 수심에 따른 분포를 대략적으로 아래의 그림 내부에 그리시오.

2) 34.4 psu 이상의 고염분수는 어느 해수에 기원을 두고 있는지를 답하시오.

4. 다음 해양 관측 중 라그랑지안(Lagrangian) 방법을 사용한 것은?

a) 태평양에 투하된 Argo 플로트 이동 경로에 의해 구해진 1,000 m 유속
b) 인공위성에 의해 관측된 수온 분포도
c) 적도 해역에 계류(Mooring)된 유속계에서 얻어진 2,000 m 유속
d) 동해의 정선 해양 관측 라인을 따라 매 10 km 마다 관측된 CTD 염분 자료
e) 항해 중인 상선에서 직접 투하된 XBT 수온 자료

5. 완전 상태 방정식을 통해 구해진 아래 수치와 해수/담수의 특성을 근거로 수온 변화에 따른 밀도 변화의 개략적인 그래프를 곡선 또는 직선의 형태로 완성하시오.

해수: σ_t(0 °C, 35 psu) = 28.1,	σ_t(20 °C, 35 psu) = 24.8
담수: σ_t(0 °C, 0 psu) = −0.16,	σ_t(20 °C, 0 psu) = −1.8

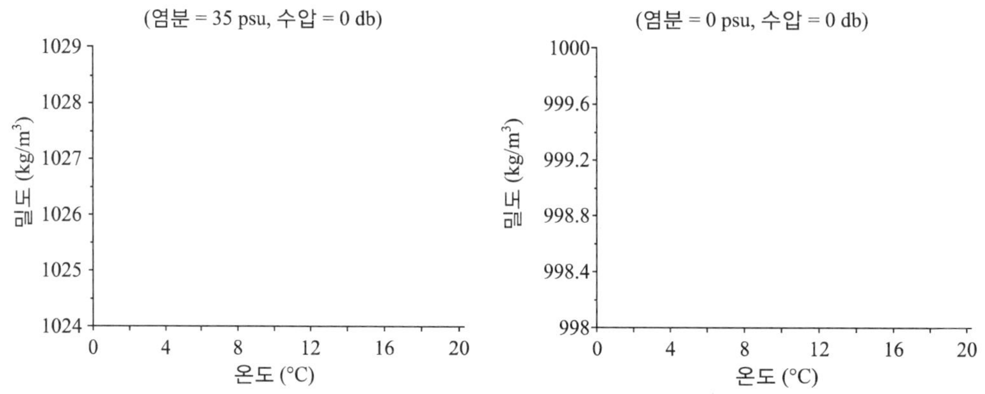

6. 다음은 태평양 필리핀 부근의 민다나오 해구에서의 수심에 따른 수온 자료(A, B)와 수온의 연직 단면도(C, D)이다.

수심 (m)	수온 (°C)	
	A	B
1,455	3.20	3.09
2,470	1.82	1.65
3,470	1.59	1.31
4,450	1.65	1.25
6,450	1.93	1.25
8,450	2.23	1.22
10,035	2.48	1.16

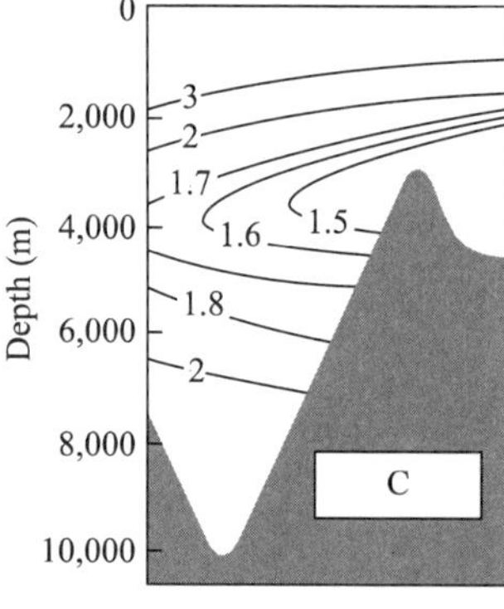

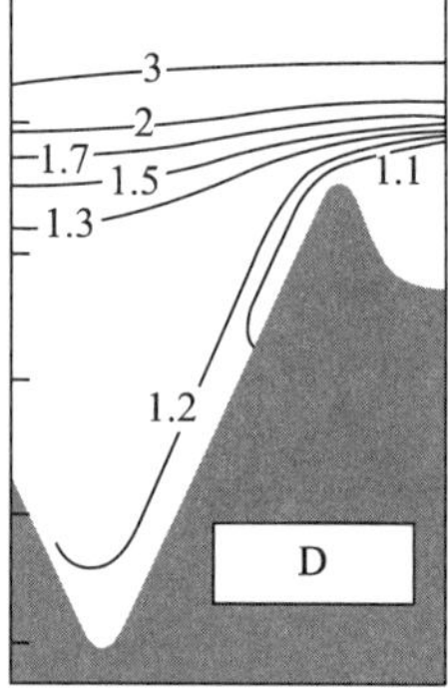

해양학에서 수온은 현장온도(in situ temperature) 또는 온위(potential temperature: 단열압축 효과를 제거한 온도)를 사용한다. 다음 A, B, C, D 중 현장온도를 나타낸 것을 모두 고르시오.

a) A　　　b) B

c) C　　　d) D

7. 아래 그림은 동태평양의 7월 평균 표층 수온 분포도이다. 수온 분포를 고려하여 대표적인 연안 용승(coastal upwelling) 해역을 모두 찾아 바람 방향과 함께 지도 위에 표시하시오.

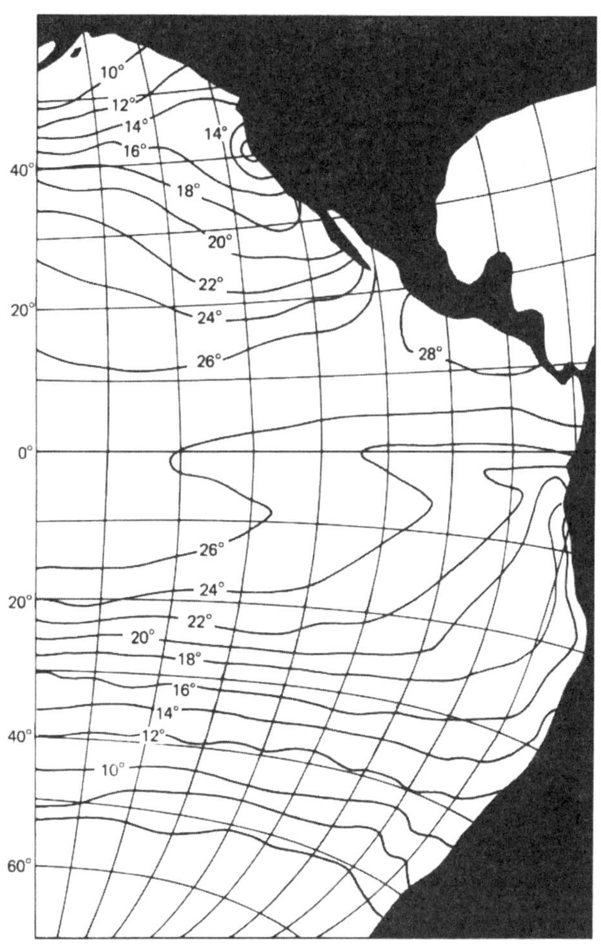

8. 오른쪽 그림은 63 °S부터 56 °S까지 관측된 수온의 연직 단면도이다. 이 해역(아래 그림 참조)의 해류는 수심 4,000 m까지 이상적인 지형류 평형(일정한 밀도의 1층 구조를 보이며, 4,000 m에서 수평 압력 경도력이 없다)을 만족한다고 가정했을 때, 다음 물음에 답하시오.

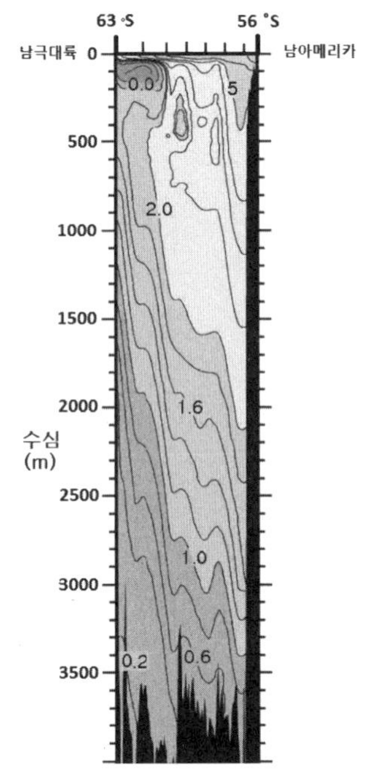

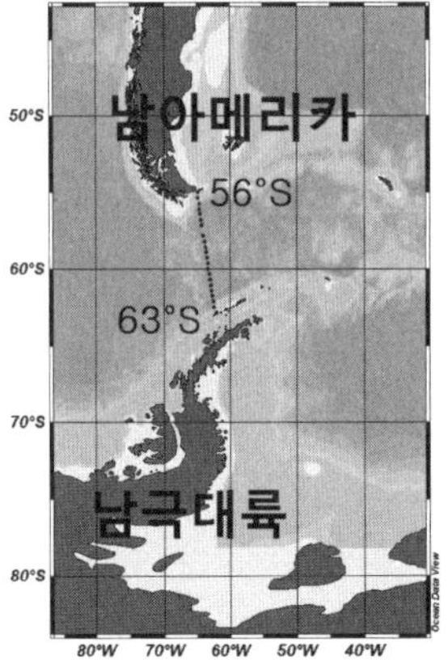

1) 연직 단면도 그림의 수평:수직 비율이 약 1:4이다. 실제 스케일을 이용하여 이 그림의 연직 과장 비율을 구하시오(지구는 완전 구형이라 가정하고, 원주율(π)은 3, 지구 반경은 6,000 km 값을 사용하시오).

2) 다음 중 이 해역의 해수면 경사 방향과 해류의 방향을 나타낸 모식도로 맞는 것을 고르면? (⊗는 종이 방향으로 들어가는 흐름, ⊙는 종이를 뚫고 나오는 흐름을 의미한다.)

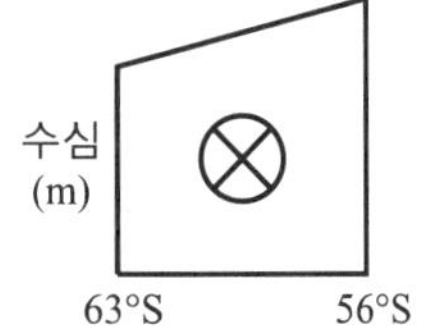

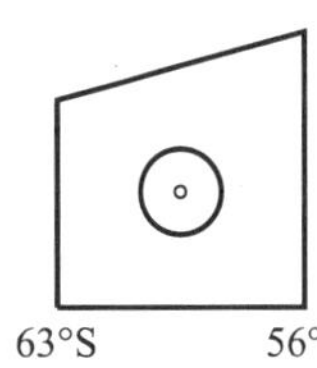

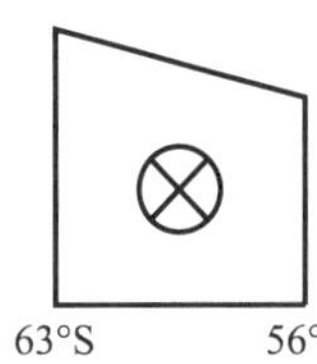

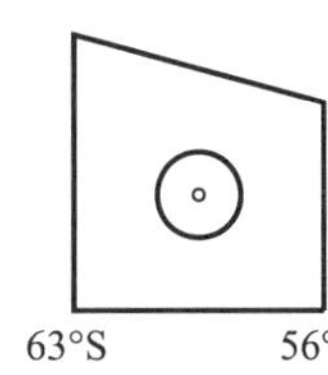

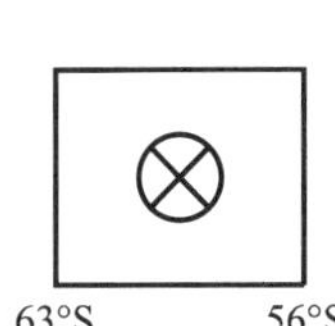

3) 이 해류의 이름은 무엇인가?

9. (가)는 북반구에서 1월의 평균 지상 기온분포를 나타낸 것이다. (나)는 지구온난화가 계속 진행된다면, 북대서양에서 해류순환이 느려지면서 고위도와 중위도의 기후변화와 중위도에서 심한 폭설이나 강한 태풍의 발생 가능성을 설명하고 있다.

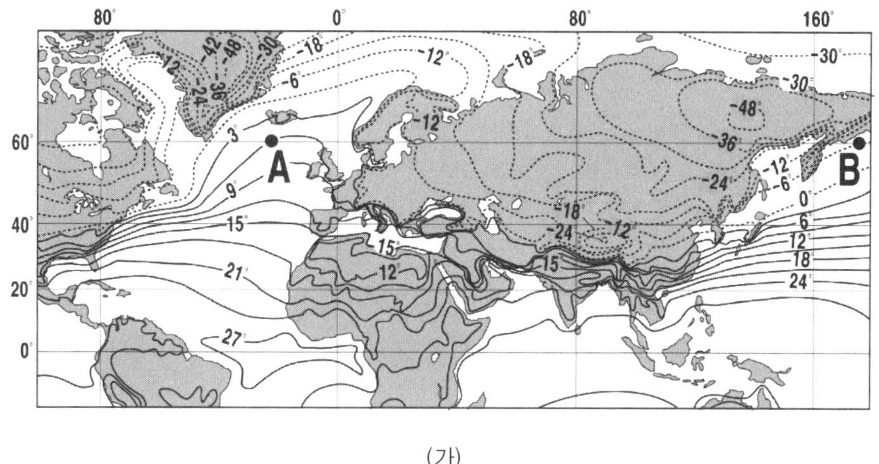

(가)

온난화가 한반도에 영향을 미치는 순서

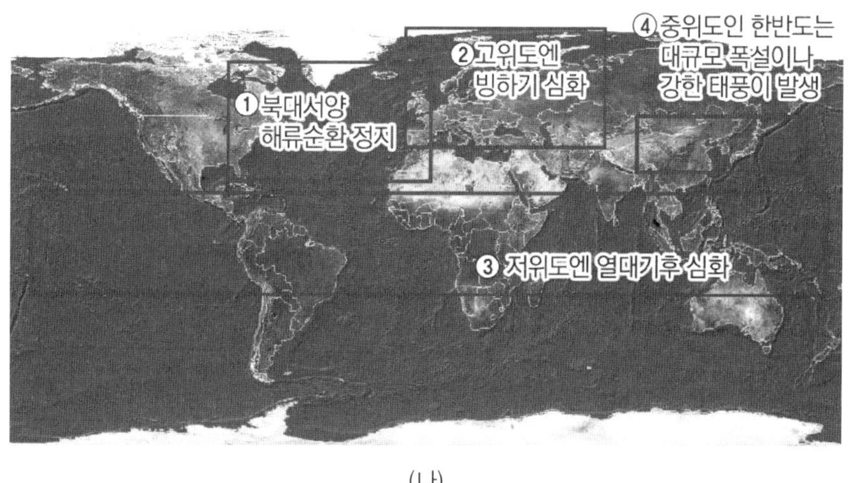

(나)

1) (가)에서 같은 위도 상에 있는 A지역의 평균 기온이 B지역 보다 훨씬 높게 나타나고 있다. 그 이유를 표층해류의 순환 측면에서 설명하라.

2) 지구온난화가 진행되면 A지역(가) 부근 해역에서 강수량이 증가하고 해빙에 의해 담수가 유입될 것이다. 그 결과 영국을 포함한 유럽 지역에서는 기온과 수온이 급격히 낮아질 수 있다. 북대서양 해류순환이 정지된 결과이다(나). 고위도인 유럽지역에서 기온과 수온이 급락할 수 있는 이유를 해류의 순환 관점에서 설명하라.

3) 지구온난화가 진행되면 저위도에서는 열대기후 심화현상이 예상된다(나). 그 이유 역시 해류의 순환과 관계가 있는가? 아니면 또 다른 이유가 있겠는가?

4) (나)에서 중위도인 한반도에서 대규모의 폭설이나 강한 태풍이 발생할 가능성을 제시하고 있다. 지구온난화가 계속 진행될 경우, 중위도 지역에서는 한랭성과 열대성이라는 서로 상반되는 기후현상이 함께 나타나는 이유를 대기과학적인 입장에서 설명하라.

10. 아래의 왼쪽 그림은 일본 근해에서 발생한 지진해파가 전파되는 시간을 나타낸 것으로, 그림의 등시선은 지진 발생 후 지진해파가 전파된 지점들을 10분 간격으로 나타낸 것이다. 아래의 오른쪽 그림은 해파가 연안으로 접근할 때 심해파에서 천해파로 전이과정을 설명하고 있다. 오른쪽 그림 아래에 심해파와 천해파의 파속(S)을 수식으로 정리하였다. 여기서 L은 파장, T는 파의 주기, g는 중력가속도, h는 수심이다.

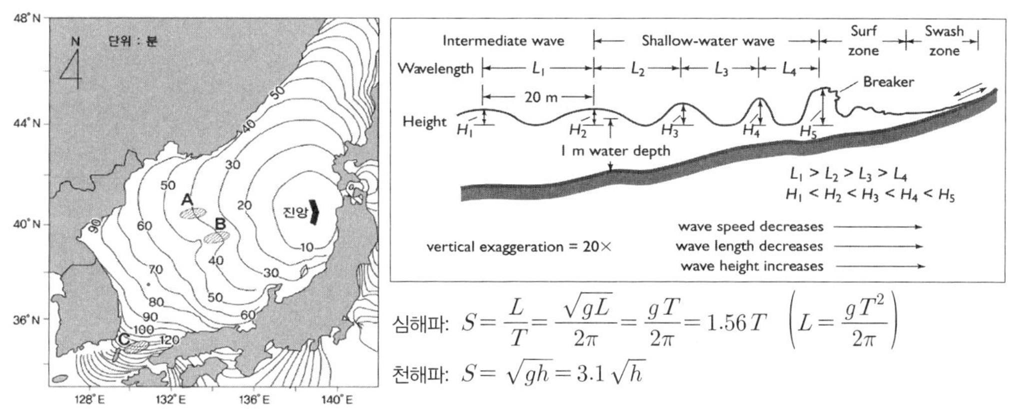

심해파: $S = \dfrac{L}{T} = \dfrac{\sqrt{gL}}{2\pi} = \dfrac{gT}{2\pi} = 1.56\,T \quad \left(L = \dfrac{gT^2}{2\pi}\right)$

천해파: $S = \sqrt{gh} = 3.1\sqrt{h}$

1) 지진 해파는 천해파인가? 심해파인가? 그 이유를 설명하라.

2) A구역과 B구역을 비교했을 때, 수심(h)이 더 깊은 구역은? 그 이유를 설명하라.

3) A구역과 C구역을 비교했을 때, 파장(L)이 더 긴 구역은? 그 이유를 설명하라.

4) B구역과 C구역을 비교했을 때, 주기(T)가 더 긴 구역은? 그 이유를 설명하라.

5) 지진 해파가 연안으로 접근하면, 파속은 느려지고 파장은 짧아진다. 특히 파고가 급격히 증가하기 때문에 연안지역에 많은 피해가 발생한다. 지진해일이 우리나라 해역에서 발생한다면, 남해보다 동해가 더 많은 피해를 입는다고 한다. 그 이유를 설명하라.

6) 해저에서 지진이 발생했을 때 주변연안 여러 곳에서 지진해파의 도달시간(t)과 거리(d)를 측정한다면, 그 해역의 대략적인 평균수심을 알 수 있다. 평균수심(H)을 수식으로 표현하라.

11. 해양의 표층에는 해수가 혼합되어 수온이 일정한 혼합층이 존재한다. 표층에서 해수를 혼합시키는 과정을 서술하시오.

12. 해양에서 대부분의 해류는 지형류이다. 아래 그림에서 지형류 평형인 상태에서 작용하는 힘들(①, ②, ③, ④)을 각각 쓰시오. 단, 굵은 화살표는 지형류이고, 작은 화살표가 작용하는 힘이다.

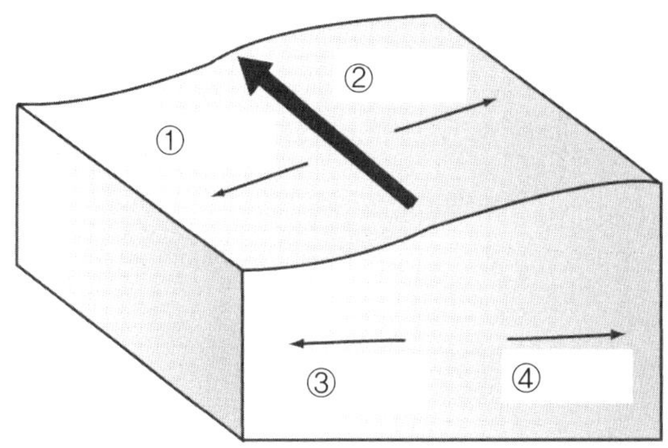

13. 심층순환(열염순환)이 형성되는 1) 원인과 과정을 서술하고, 2) 태평양에서의 심층순환 양상을 간단히 설명하시오.

14. 해양에서의 용승현상은 어떤 힘들이 작용하여 나타나며, 그 결과 기후에 미치는 영향에 대하여 설명하시오.

15. 아래의 그림은 전 세계 해양의 해류 분포를 개략적으로 나타낸 것이다.

1) 콜럼버스가 스페인을 떠나 아메리카 대륙을 왕래할 때의 항로를 나타내시오.

2) 마젤란이 세계 일주를 하였을 때 스페인을 출발하여 대서양을 거쳐 태평양 필리핀까지의 항로를 나타내시오.

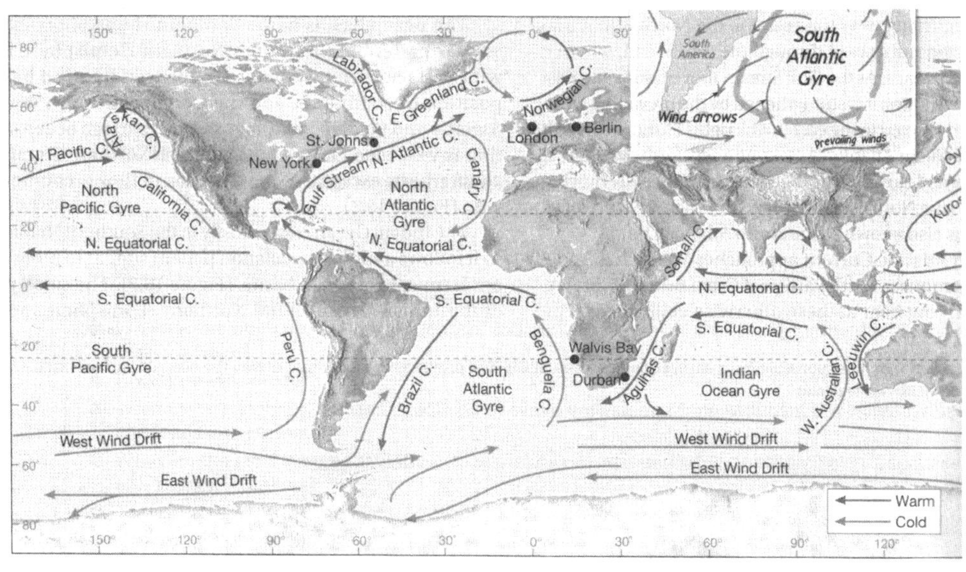

16. 지구상에서 해양이나 대기의 운동은 지구 자전의 영향을 받는다. 서울에서 직경 1 m의 수조에 10 cm 높이의 물이 들어있다. 이 물을 밑바닥에 있는 배수구에서 배출시킬 때 물이 어느 방향으로 회전하면서 빠질 것인지를 그 이유와 함께 설명하시오.

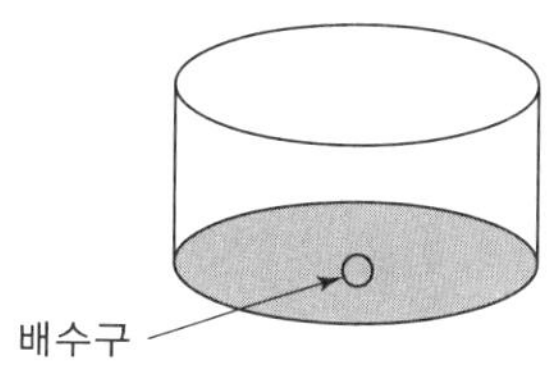

17. 에크만 수송은 어떤 힘들이 작용하여 나타나며, 에크만 수송에 의해 해양에서 나타나는 현상들에 대하여 설명하시오.

18. (가)는 서해와 동해에서 수심 별로 측정한 수온 값(°C)이다. (나)는 수온약층의 모식도이며, (다)는 지구온난화가 진행되면서 한반도 주변해역의 표층 수온이 과거 30여 년 동안에 약간씩 높아진 결과이다. 아래 물음에 답하라.

수심 (m)	서해		동해	
	2월	8월	2월	8월
0	7.2	26.4	11.3	24.5
10	7.2	23.5	11.3	24.4
20	7.2	19.1	11.3	24.3
30	7.2	14.5	11.3	21.6
50	7.2	9	11.2	16.7
75	7.2	9	11.2	15.3
100	-	-	11.1	12.4
125	-	-	11.1	10.3
150	-	-	11.1	8.4
200	-	-	9.5	4.1
250	-	-	4.7	1.8
300	-	-	2.1	1.2
400	-	-	0.9	0.9
500	-	-	0.8	0.7

(가)

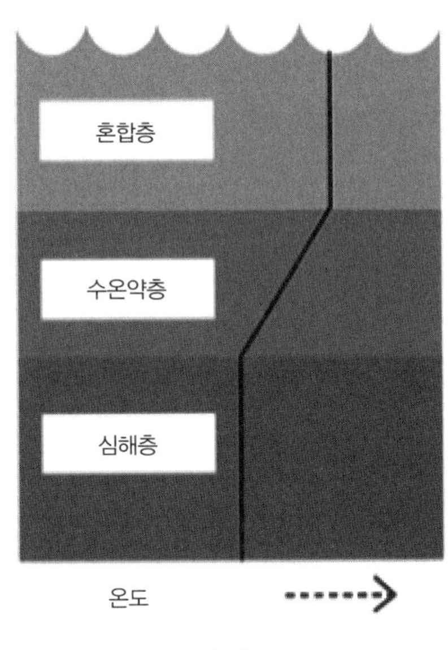

(나)

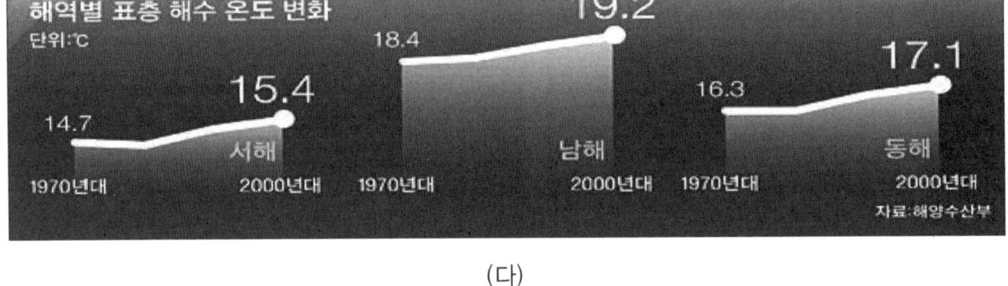

(다)

1) (가)에서 동해의 경우 8월보다 2월에 혼합층이 더 두꺼운 이유를 설명하라.

2) (가)에서 혼합층의 연교차는 동해보다 서해에서 더 크게 나타나고 있다. 그 이유를 설명하라.

3) (나)에서 혼합층의 물과 심해층의 물은 수온약층 때문에 잘 혼합되지 않는다. 그러나 (1) 상층의 물이 아래로, (2) 하층의 물이 위로 움직일 수 있다. (1)과 (2)에 대하여 해양에서 일어나는 작용(현상)을 하나씩만 예를 들어보라.

4) (다)에서 각 해역 모두 약 1 ℃ 씩 비슷하게 바닷물의 온도가 증가했지만, 남해가 제일 따뜻하고, 그 다음이 동해, 서해가 가장 낮다. 그 이유를 설명하라.

19. 아래 그림은 북태평양 어느 해역에서 발생한 지진의 진앙 A와 이때 발생한 해파가 이동한 B 지점에 관한 정보를 나타낸 것이다. (단, 중력가속도는 10 m/s^{2}로 적용한다.) 아래 물음에 답하라.

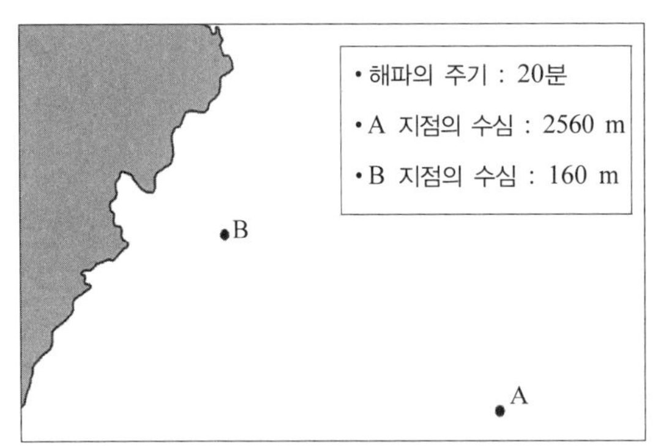

[참고자료]

천해파의 파속 $S = \sqrt{gD} = 3.1\sqrt{D}$

심해파의 파속 $S = \dfrac{L}{T} = \dfrac{gT}{2\pi} = 1.56T$

여기서 D는 수심, L은 파장, T는 주기, g는 중력가속도이다.

1) A 지점에서 파장을 계산하라.

2) B 지점에서 파속을 계산하라.

3) 아래에서 옳은 것을 고른다면?

a) A 지점에서는 심해파이고, B 지점에서는 천해파이다.
b) A 지점에서는 천해파이고, B 지점에서는 심해파이다.
c) A 지점에서도 심해파이고, B 지점에서도 심해파이다.
d) A 지점에서도 천해파이고, B 지점에서도 천해파이다.

4) 위 문항(2~3)에서 그렇게 생각하는 이유를 설명하라.

20. 아래 그림은 북태평양 동북부 해역의 한 지점에서 수온의 연중 변화를 나타낸 것이다 (x축은 시간(월: month), y축은 깊이(수심: meter)이고 등치선은 온도(수온, °C)를 의미한다). 위의 정보를 이용하여 3월, 5월, 7월, 9월, 11월의 연직 수온 변동 그래프를 아래와 같이 작성하였다. 아래의 그래프 위에 1월과 8월의 연직 수온 변동 그래프를 추가로 도시하시오.

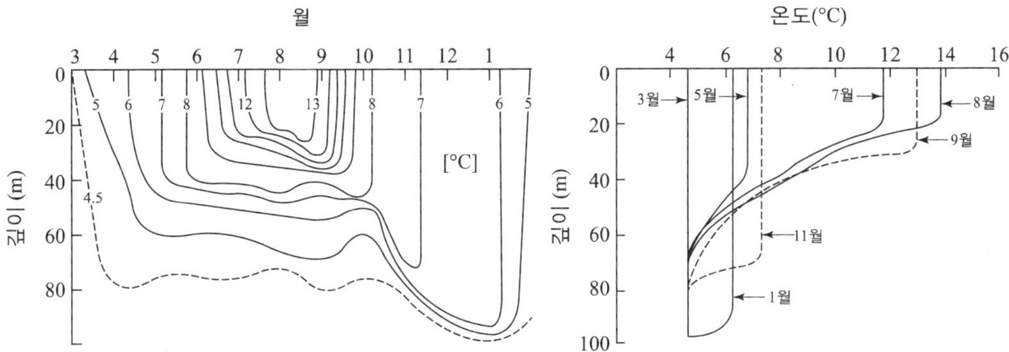

21. 아래 그림은 멕시코 만류의 수온 단면도이다. 단면도 위에는 해수면의 경사도 함께 표시되어 있다. 아래 정보를 이용하여 멕시코 만류의 유속을 구하는 식을 적고 그 값을 구하시오.

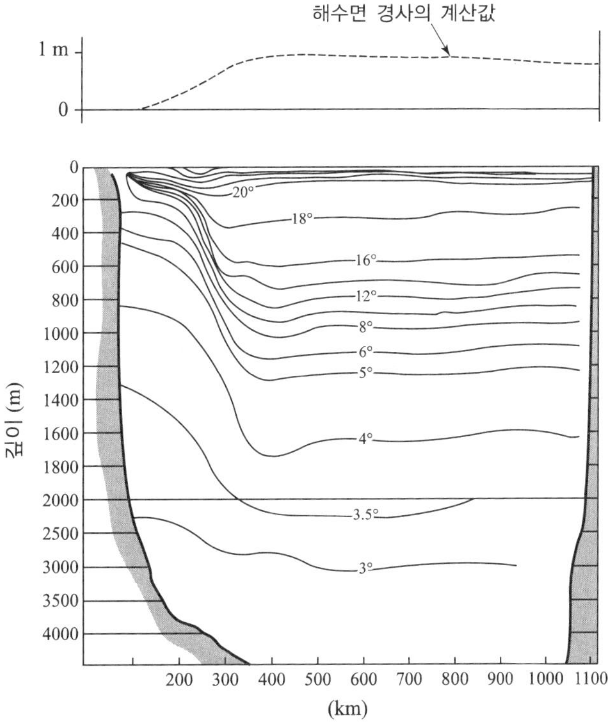

- 멕시코 만류는 수평 압력경도력$\left(\frac{1}{\rho}\frac{\partial P}{\partial x}\right)$과 전향력($fv$)이 균형을 이루는 지형류이다.
- $\rho, f(=2\Omega\sin\theta)$는 각각 해수의 밀도, 코리올리 파라미터를 의미한다.
- 4000 m에서 수평 압력 경도력이 없다고 가정한다.
- 정역학 법칙에 의해 $P=\rho gh$로 쓸 수 있다.
- 해수면의 기울기$\left(\frac{\partial h}{\partial x}\right)$는 1 m/200 km로 계산한다.
- 중력 가속도(g)는 10 m/s^2로 계산한다.
- 지구 자전 각속도(Ω)는 7×10^{-5}/s로 계산한다.
- 관측 위도(θ)는 30 °N이다.
- 유속은 m/s 단위로 나타내고 소수점 이하 둘째자리에서 반올림한다.
- 계산된 지형류 방향은 종이를 뚫고 들어가는 방향이다.

22. 최근 북극의 그린란드 빙하가 급격히 녹아내린다는 관측 결과가 잇달아 발표되고 있다. 관련해서 맞는 설명을 모두 고르시오.

a) 그린란드 빙하가 녹아 바다로 흘러가면 해수의 평균 염분이 내려갈 것이다.

b) 해수의 평균 염분이 내려가면 총 염류 안에 포함된 나트륨 비율도 내려갈 것이다.

c) 위의 현상은 지구온난화, 해수면 상승과 밀접한 관련이 있다.

d) 위의 현상에 의해 북대서양 침강류와 관련된 열염 순환이 약해질 것이다.

e) 해양의 열염 순환은 주로 심층에서 일어나는 현상이므로 기후 변동과는 큰 관련이 없다.

정답 및 해설

1. a　겨울(12월)

   표층에 혼합층이 잘 발달하고 있다. 이것은 강한 바람에 의한 혼합과 대기 냉각에 의한 혼합(대류)에 의해 형성된 것이기 때문에 겨울(12월)이 정답이다.

2. 표층 혼합층이 더욱 깊게 형성된다. 겨울을 지나면서 강한 바람과 대기 냉각에 의한 혼합이 더욱 진행되어 3월에는 표층 혼합층이 보다 깊게 형성된다(아래 그림 참조).

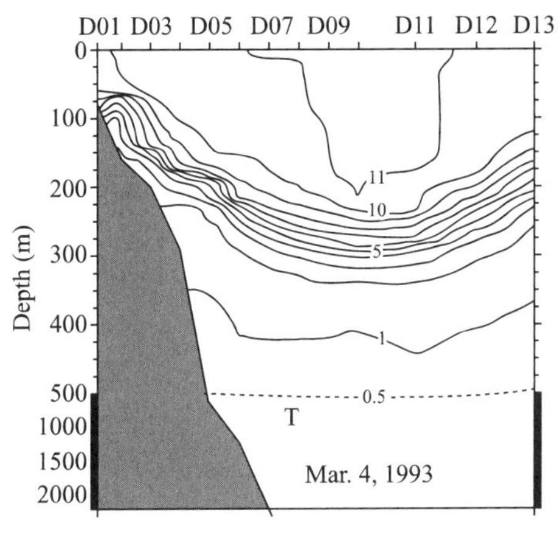

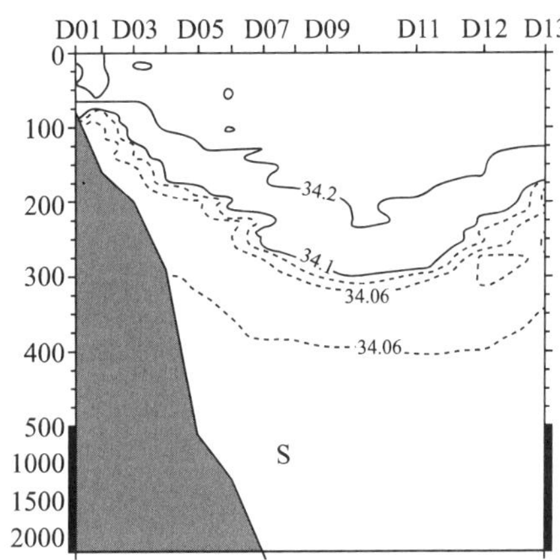

3. 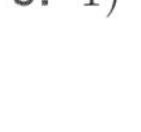 1)

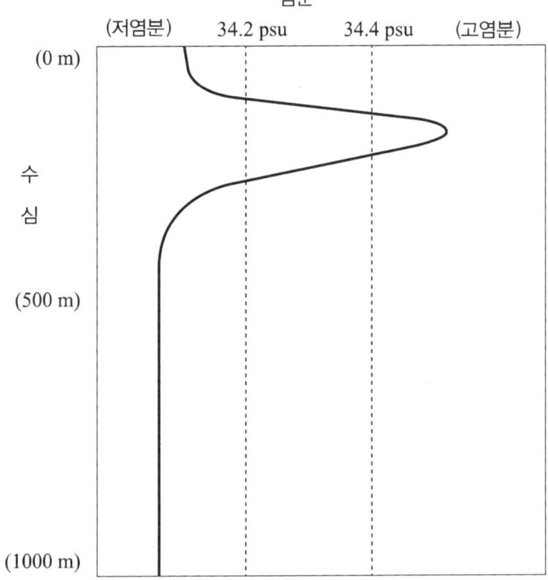

2) 동한난류, 대마난류, 쿠로시오해류, 북적도해류 등의 어느 하나라도 쓰면 된다.

4. a

5. ① 염분 35 psu 경우

- 온도 0 °C에서 1028.1 kg/m^3, 온도 20 °C에서 1024.8 kg/m^3 값과 일치
- 완만히 감소하는 곡선의 형태로 그려야 함.

② 염분 0 psu 경우

- 온도 0 °C에서 999.84 kg/m^3, 온도 20 °C에서 998.2 kg/m^3 값과 일치
- 포물선의 형태이고 4 °C에서 약 1000 kg/m^{3}의 최댓값을 보여야 함.

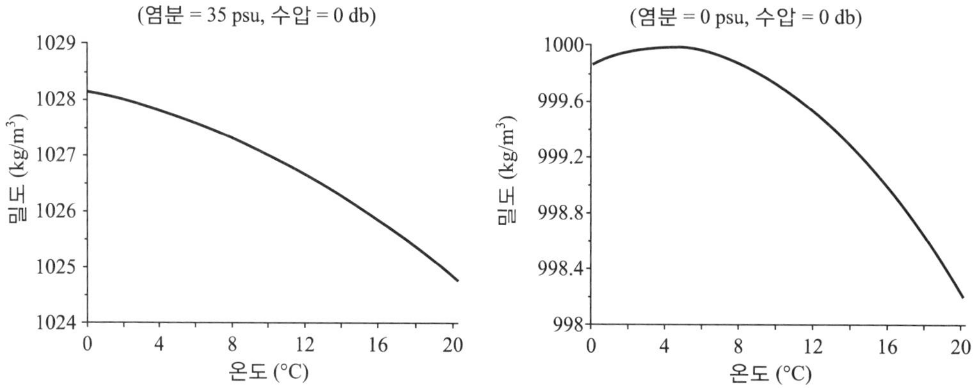

6. a, c

7. 켈리포니아 연안 – 북풍, 북서풍 계열의 바람
페루 연안 – 남풍, 남서풍, 남동풍 계열의 바람

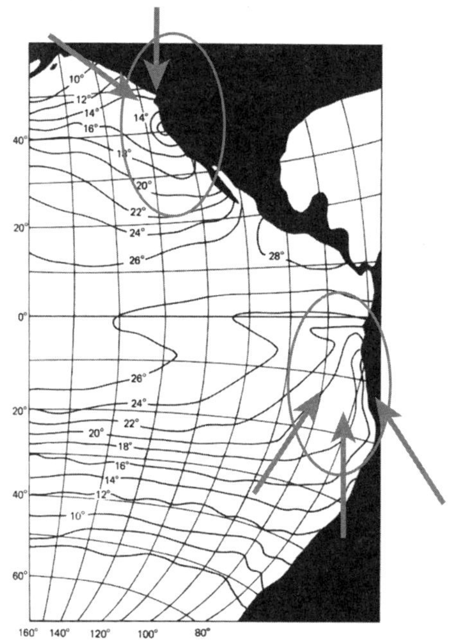

8. 1) 위도 1°의 거리 = 2×원주율×지구반경/360° = 2×3×6,000 km/360° = 100 km
63 °S부터 56 °S까지 총 7°의 실제 거리는 700 km이다.
∴ 실제거리의 수평:수직 비율 = 700:4
그림상의 수평:수직 비율이 1:4이므로 위 그림은 수직적으로 "700배" 과장되어 그려져 있다.

2) b

3) 남극순환류, 환남극해류

9. 1) A지역은 난류인 걸프해류가 흐르고 있고, B지역은 한류인 오야시오해류가 흐르고 있기 때문이다.

2) A해역에서는 담수의 유입으로 밀도가 작아져서 북대서양 심층수의 침강이 제지되어 해류의 순환이 정지되게 된다. 그러면 유럽 고위도 해역에서는 난류인 걸프해류의 유입이 중단되기 때문에 수온이 급락하고 따라서 기온도 급락하게 된다.

3) 평상시에는 적도 지역에서 뜨거워진 바닷물은 극지방으로 이동한다. 극지방에 도착하면 염분을 제외한 물의 일부가 얼며 밀도가 높아진다. 무겁고 차가운 물은 해저로 가라앉아 다시 적도로 이동한다. 그런데 극지방의 온도가 올라가면 빙하가 녹아 염분이 거의 없는 담수가 바다로 유입된다. 그러면 위쪽 바닷물의 밀도가 낮아져 가라앉지 않는다. 따라서 해류의 순환과 관계가 있으며, 저위도에서는 해류순환의 정체로 인해 열대기후 심화현상이 일어난다.

4) 중위도 지역인 한반도가 얼어붙을 가능성은 적을 것으로 예상된다. 하지만 온도차가 심한 극지방과 적도 사이에 일어나는 대규모 에너지 흐름의 여파는 받아야 한다. 바로 홍수, 태풍, 폭설, 가뭄 같은 기상이변이다. 수증기를 가득 머금은 적도의 따뜻한 공기가 극지방의 찬 공기와 만나 한반도에 폭설을 쏟아 붓는 결과를 만들게 된다. 또한 저위도 해양에서 수온의 상승으로 인한 태풍 발생의 빈도가 높아진다. 그리고 태풍의 이동과정에서 높은 수온으로 인한 증발 잠열의 에너지를 계속 공급 받기 때문에 슈퍼 태풍으로 성장할 수 있는 여건이 된다.

10. 1) 천해파는 수심의 영향을 받는 해파이고, 심해파는 수심의 영향을 받지 않는 파이다. 진앙에서 멀어질수록 전파시간 10분 간격의 거리가 감소하는 것은 파속이 느려진다는 것을 의미한다. 이것은 수심의 영향을 받은 것이 되므로 천해파이다.

2) A구역이다. 두 구역 부근에서 전파시간 10분간의 거리를 비교해보면 A구역이 더 크다. 이것은 파속이 큰 것을 의미하므로 해저와의 마찰이 작은 깊은 수심을 나타낸다.

3) A구역이다. 두 구역에서 전파시간 10분간의 거리를 비교해 보면 C구역이 더 작기 때문에 파속이 작다. C구역의 파속은 수심이 얕기 때문에 늦어지는 반면 뒤에 오는 A구역의 파는 빠르게 진행하게 되어 파장이 짧아지게 된다.

4) 주기는 같다. 한 번의 충격으로 만들어진 지진해파는 수심에 관계없이 주기가 일정하기 때문이다.

5) 한반도 남해안에서 지진해일의 위력이 크지 않은 것은 수심이 얕기 때문이다. 지진해일은 속도가 빨라야 이동할 때 에너지 손실이 줄어들며 육지에 닿을 때 파괴력이 크다. 수심이 얕으면 지진해일의 속도가 느려진다. 지진해일은 파도처럼 수면 상층부만 움직이는 것이 아니라 해저에 닿을 만큼 깊은 바닷속의 물도 함께 이동한다. 그래서 지진해일이 수심이 얕아지는 바닷가에 도달하면 물의 양(에너지)을 보존하기 위해 높은 파도를 만드는 것이다. 따라서 남해보다 동해가 수심이 깊기 때문에 더 많은 피해를 입게 된다.

6) 지진해파는 천해파이므로 천해파의 속도 $V=\sqrt{gH}$ 이다.

지진해일의 이동속도는

$$V=\frac{d}{t} \text{ 이므로 } \frac{d}{t}=\sqrt{gH}$$

즉

$$H=\frac{d^2}{gt^2}$$

이다.

11. 1) 바람에 의해 생긴 파도에 의해 표층해수가 혼합된다.

2) 흐름에 수반되는 난류에 의해 표층해수가 혼합된다.

3) 해면에서의 냉각, 증발, 결빙에 의해 밀도가 증가되어 혼합된다.

12. ① 중력 ② 전향력 ③ 수압경도력 ④ 전향력

13. 1) 고위도 해역에서 대기 냉각에 의해 표층수가 차거워져서 밀도가 증가한다. 얼음이 얼면서 주변 해수로 염분을 배출하기 때문에 주변해수의 염분이 증가함에 따라 해수의 밀도가 증가하기도 한다. 또한 밀도가 같은 2개 이상의 수괴(water mass)가 혼합할 때, 혼합된 해수는 밀도가 커진다. 이와 같은 현상들이 복합적으로 작용하여 표층수의 밀도가 충분히 커지면 침강하면서 심층해류가 시작된다.

2) 태평양에서는 심층수가 형성되지 않는다. 남극저층수와 북대서양 심층수가 혼합된 보통수(Common water)가 남극대륙 주변을 순환하다가 남태평양에서 북쪽으로 북상한다.

14. 1) 용승은 바람과 전향력에 의해 에크만 수송이 발생하여 나타난다.

2) 심층의 찬 해수가 올라오므로 주변해역보다 기온이 낮게 되고, 해상에서 안개가 발생하게 된다. 또한 인접 육지에서는 여름에도 서늘한 기온이 유지된다.

15. 1) 카나리해류 → 북적도해류 → 걸프해류 → 북대서양해류 → 카나리해류

2) 카나리해류 → 북적도 해류 → 브라질해류 → 페루해류 → 남적도/북적도해류

16. 수조로부터 배출시 물의 회전 방향은 일정하지 않다.

그 이유는 대기나 해양의 운동에서 직경 1 m의 규모에는 지구 자전의 효과가 거의 없다고 해도 좋을 정도로 미미하다. 따라서 수조로부터 배출시 물의 회전 방향은 일정하지 않다.

17. 1) 작용하는 힘 - 바람(의 접선변형력), 전향력

2) 현상들 - 연안 용승, 적도 용승, 해수의 침강

18. 1) 동해의 풍속이 8월보다 2월이 크므로 바람에 의한 혼합작용이 더 깊게 미치기 때문이다. 또 2월에는 대기 냉각에 의해 8월보다 해양 표층 수온이 낮아져서 밀도가 커진다. 하층보다 밀도가 커진 표층 해수는 하강하고, 반대로 밀도가 작은 하층의 해수는 상승하는 연직대류가 활발해진다. 즉, 겨울에는 강한 바람과 대기냉각으로 인해 활발해진 연직대류가 복합적으로 작용하여 혼합층이 여름보다 두꺼워진다.

2) 서해의 수심이 동해보다 얕기 때문에 주로 겨울철 서해의 수온이 동해보다 낮아서 연교차가 크게 나타난다. 서해는 최대 수심이 약 70~80 m로 얕기 때문에 겨울에 해양 전체를 혼합층으로 만든 이후에도 계속 해양 전체를 냉각시켜서 수온이 크게 낮아진다. 반면 동해는 수심이 깊기 때문에 겨울철 혼합작용이 수심 약 150 m까지 깊게 나타나기 때문에 상층 수온이 서해만큼 낮아지지 않는다.

3) (1) 침강: 냉각(증발, 결빙)에 의한 상층 해수의 밀도 증가

(2) 용승

4) 남해가 난류인 쿠로시오 해수의 영향을 가장 많이 받고, 또한 낮은 위도와 얕은 수심 때문에 연평균 표층 수온이 가장 높다. 서해는 얕은 수심 때문에 겨울철 수온이 크게 낮아져서 연평균 수온이 가장 낮다. 동해는 대마난류의 영향과 깊은 수심 때문에 서해보다는 연평균 표층 수온이 높다.

19. 1) $S = 3.1\sqrt{D} = 3.1\sqrt{2560}$ m/s $= 156.8$ m/s

$L = S \times T = 156.8$ m/s $\times 1200$ s $= 188.2$ km

2) $S = 3.1\sqrt{D} = 3.1\sqrt{160}$ m/s $= 39.2$ m/s

3) d

4) 천해파는 $D < L/20$로 정의되므로, 지점 A에서 지진해파는 수심 2560 m가 파장의 1/20인 9410 m보다 작기 때문에 천해파이다. 또 지점 B에서도 지진해파는 수심 160 m가 파장의 1/20인 2350 m보다 작기 때문에 천해파이다.

20.

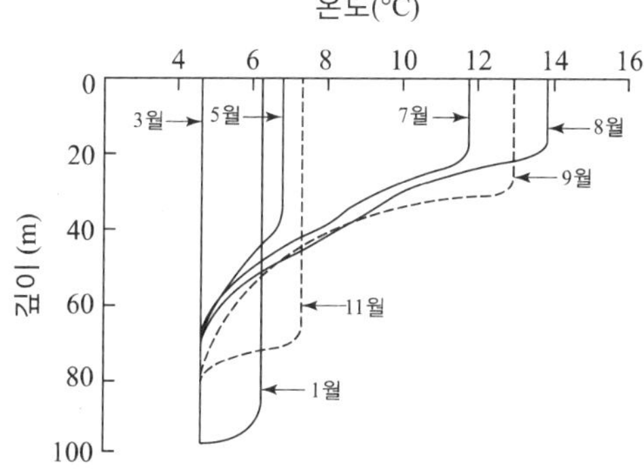

8월: 13~14 °C 사이의 수온이 약 20 m까지 일정하게 그려야 한다. 20 m 이하 수심에서는 수온이 계속 감소하여 약 80 m 정도에 4.5 °C까지 감소하게 그려야 한다.

1월: 6~6.5 °C 사이의 수온이 약 90 m까지 일정하게 유지되고, 그 이하 수심에서는 4.5 °C 까지 감소하게 그려야 한다.

21. 지형류 평형식과 정역학 방정식을 이용하여 지형류 유속은 해수면 경사에 비례한다. 우선 유도해야 한다.

$$fv = \frac{1}{\rho}\frac{\partial P}{\partial x} = \frac{1}{\rho}\frac{\partial(\rho g h)}{\partial x} = g\frac{\partial h}{\partial x}$$

$$\therefore\ v = \frac{g}{f}\frac{\partial h}{\partial x} = \frac{10\,\mathrm{ms}^{-2}}{2\Omega\sin\theta}\frac{1\,\mathrm{m}}{2^{*}10^{5}\,\mathrm{m}} = \frac{5^{*}10^{-5}\,\mathrm{m}}{7^{*}10^{-5}\,\mathrm{s}} = 0.71\ \mathrm{m/s}$$

22. a, c, d

한국지구과학올림피아드(KESO)

행성 지구과학 분야 기출문제

1. 다음은 우리나라에서 관찰한 별의 운동에 관한 설명이다. 옳지 않은 것은?

a) 별이 동쪽에서 떠서 서쪽으로 지는 것은 지구의 자전 때문이다.

b) 카시오페아(적경~1h, 적위~60°)를 저녁 8시에 관측할 때, 12월보다 6월에 고도가 높다.

c) 하짓날 자정에 남중했던 별은 추분날에는 저녁 6시경 남중한다.

d) 직녀성, 견우성, 데네브로 이루어진 여름철 대삼각형은 가을철에도 관찰할 수 있다.

e) 적위가 30°인 별은 10°인 별보다 하늘에 떠있는 시간이 길다.

2. 주계열성의 특성에 관한 설명으로 맞는 것끼리 짝지은 것은?

㉠ K형 별은 B형 별보다 가시광 영역에서 더 많은 빛을 낸다. ㉡ G형 별의 수소발머선은 F형 별보다 강하다. ㉢ 태양보다 붉은 별의 B−V 색지수는 0보다 크다. ㉣ F형 별은 K형 별보다 크다.

a) ㉠, ㉡

b) ㉢, ㉣

c) ㉠, ㉡, ㉣

d) ㉠, ㉢, ㉣

e) ㉡, ㉢, ㉣

3. 다음은 태양을 가시광선, 수소 발머($H\alpha$)선, 극자외선 영역에서 관측한 영상을 순서대로 나열한 것이다. 이에 대한 설명으로 옳은 것만을 모두 고른 것은?

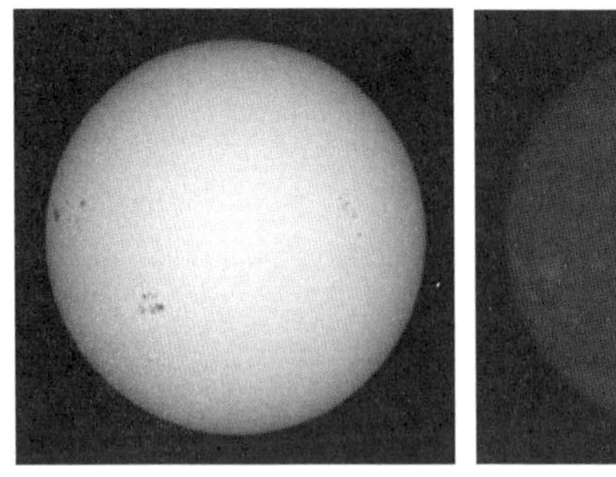

가시광선

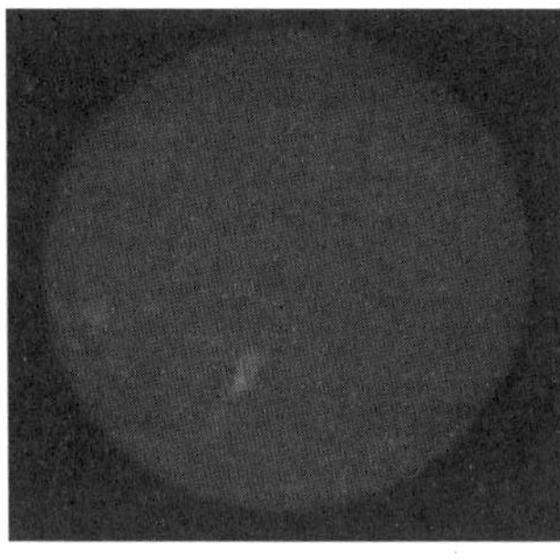

수소 발머선

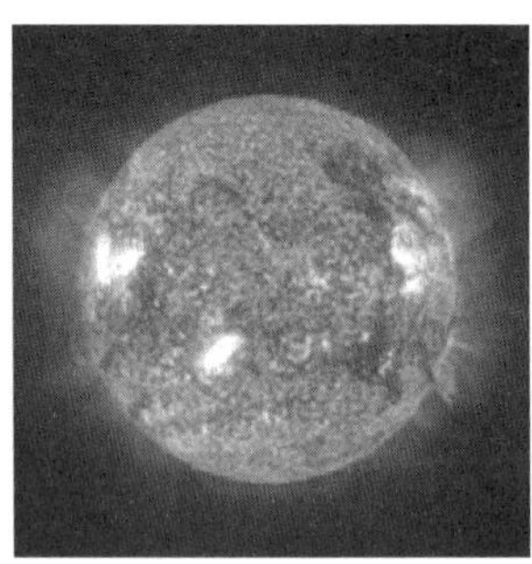

극자외선

> ㉠ 가시광 영상의 흑점 지역에서는 자기장에 의해 대류 현상이 강화된다.
> ㉡ 주연감광 현상은 광구 층에서 고도가 높아질수록 온도가 낮아지기 때문에 나타난다.
> ㉢ 채층의 모습은 수소 발머선 영상에서 가장 잘 나타난다.
> ㉣ 극자외선 영상의 매우 밝은 코로나 영역은 주변보다 밀도가 높은 곳이다.

a) ㉠, ㉡
b) ㉢, ㉣
c) ㉠, ㉡, ㉣
d) ㉠, ㉢, ㉣
e) ㉡, ㉢, ㉣

4. 전체 하늘에는 눈으로 볼 수 있는 별이 6000개정도 된다고 한다. 위도 30°인 지역에서 주극성과 출몰성의 개수는 각각 얼마인가? (단, 그림에서 구의 반경이 1일 때 빗금 친 부분 A의 표면적은 $2\pi\int_0^\theta \sin(x)\,dx$로 구해지고, 별들은 천구 상에서 균일하게 분포한다고 가정한다.)

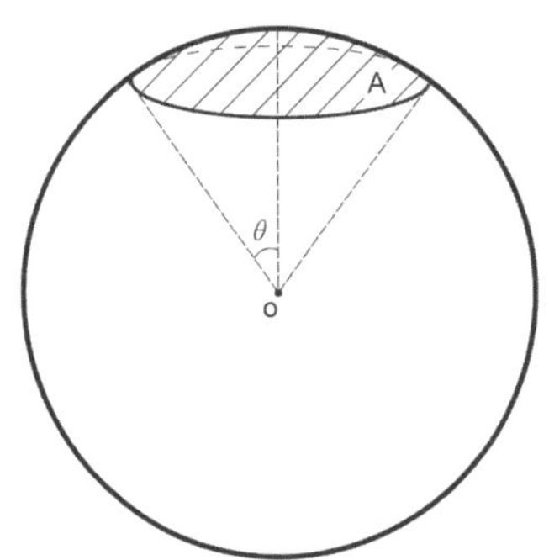

5. 북위 17°에 위치한 관측자가 어느 해 5월 20일에 달을 관측하였다. 달의 위상은 하현, 남중고도가 63°이었을 때, 달의 적경과 적위를 구하시오. 단, 춘분점의 날짜는 3월 21일이고, 지구는 하루에 1°씩 공전한다고 가정한다.

6. 아래 표는 태양 근처의 별 4개에 관한 자료이다. 이들 별에 대한 다음 물음에 답하시오.

별	겉보기 등급	절대 등급	분광형
㉠ Alpha Centauri	0.0	4.3	G
㉡ Thuban	4.7	5.9	K
㉢ Barnard's star	9.5	13.2	M
㉣ Altair	0.8	2.1	A

1) 표면온도가 가장 높은 별은?

2) 가장 어둡게 보이는 별은?

3) 광도가 가장 큰 별은?

4) 가장 가까운 별은?

7. 태양의 안시 겉보기 등급은 $m_V = -26.7$이다. 항성시차가 $0.2''$인 항성에서 태양을 관찰할 때 태양의 겉보기등급과 절대등급을 구하시오. 단, 1라디안(radian)은 $200{,}000''$이고, $\log_{10}2 = 0.3$으로 가정한다.

8. 다음 항목들은 태양계 행성들의 개별적인 특징들을 나타낸 것이다. 이 중 금성에 관한 설명으로 옳은 것만을 모두 고르시오.

> ㉠ 공전방향과 반대 방향으로 자전한다.
> ㉡ 두 개의 위성을 보유하고 있다.
> ㉢ 달과 비슷한 표면을 가지고 있다.
> ㉣ 판구조 운동에 의해 형성된 지형이 많다.
> ㉤ 평균밀도가 가장 낮다.
> ㉥ 표면에 산화철이 포함된 붉은 토양이 많다.
> ㉦ 내부로 가면 금속성 수소가 존재한다.
> ㉧ 거대한 먼지 폭풍이 시속 100km 이상으로 일어나기도 한다.
> ㉨ 태양계 행성들 중 자전주기가 가장 길다.
> ㉩ 대기에 메탄가스 함량이 많아 푸른색을 띤다.
> ㉪ 두꺼운 이산화탄소 대기를 보유하고 있다.
> ㉫ 적도 주변에 약 5000 km 길이의 거대한 협곡이 존재한다.

9. 행성 A와 B가 항성 S 주위를 원 궤도를 따라 동일 궤도면에서 같은 방향으로 공전하고 있다. 행성 A의 공전주기는 1년이고 궤도 반경은 0.5 AU이다. 다음 물음에 답하시오.

1) 항성 S의 질량을 태양 질량 단위로 구하시오. 단, 행성들의 질량은 항성의 질량에 비해 무시할 정도로 작다.

2) 행성 B에서 관측한 행성 A의 최대 이각이 30°일 때, 행성 B의 공전주기는 몇 년인가?

10. 구경이 50 cm이고 초점비(초점거리/구경)가 16인 망원경 A와 구경이 100 cm이고 초점비가 8인 망원경 B가 있다.

1) 육안 관측의 한계 등급이 6등급일 때, 망원경 A의 한계 등급은 얼마인가? 단, 사람 눈의 동공 직경은 5 mm이다.

2) 망원경 A와 B의 집광력, 시야, 상의 밝기를 비교하시오. 각 항목에 대해, A>B, A=B, A<B 등의 관계로 표현하시오.

11. 태양계에서 멀리 떨어진 곳에 한 행성을 가진 어느 외계 항성이 있다. 이 행성은 원 궤도를 따라 공전하고 있으며, 공전 궤도의 반지름은 2억 km이다. 이 행성과 항성의 절대 복사등급 차이가 25등급일 때, 행성의 반지름은 몇 km인가?

12. 동해 바다 동경 130°지점에 항해 중인 우리나라 사람들이 4월 21일 밤 9시, 별을 관측하고자 선상 위에 갑판에 모였다(시간은 우리나라 표준시이다).

1) 이날의 태양의 적경은?

2) 이날 이 지역 태양의 남중시각은?

3) 이 밤 9시에 항성시는?

13. 그림은 천구의 적도 좌표계와 별자리들을 나타낸 것이다. 네모표는 어느 해 동지날 관찰된 달과 목성의 천구상의 위치를 나타낸 것이다. 어떤 관측자가 서해 해상(동경 125°)를 항해하고 있다. 다음 물음에 답하시오.

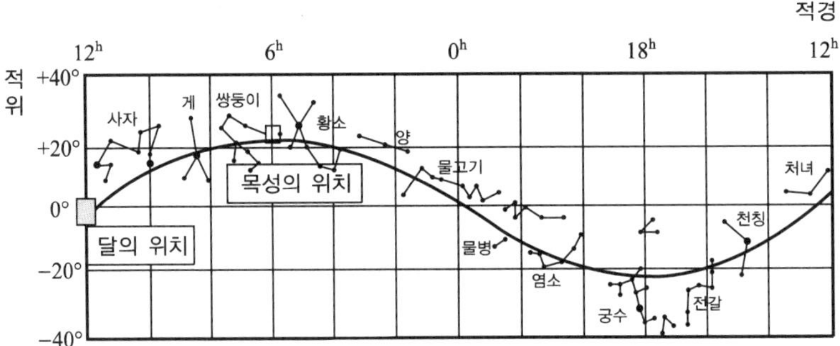

1) 이날 태양의 남중시각은?

2) 이날 달의 위상은?

3) 이날 목성의 위상은?

14. 2011년도 노벨 물리학상은 초신성 우주론 프로젝트(Supernova Cosmology Project)의 Perlmutter(미국)와 고적색이동 초신성 탐사 팀(High−z Supernova Search Team)의 Riess(미국) 및 Schmidt(호주)에게 공동 수상되었다.

1) 우리로부터 먼 거리에 있는 외부 은하들의 흡수선 스펙트럼에는 적색이동이 나타난다. 이것으로부터 대부분의 천문학자 및 천체물리학자들이 믿고 있는 우리 우주의 가장 중요한 특성(현상)은 무엇인가?

2) Perlmutter, Riess 및 Schmidt 등의 학자들은 위의 1)의 우리 우주의 중요한 특성을 검증하기 위하여 우리 은하 밖의(외부 은하의) 초신성 폭발 현상을 이용하였다. 초신성 중에서 어떤 종류를 이용하였는가?

3) 왜 2)의 초신성 종류를 이용하였는가?

15. 다음은 초신성에 관한 질문이다.

1) 가벼운 원소들(예: 수소 및 헬륨)은 우주 초기에 형성되었을 것으로 믿어진다. 더 질량이 큰 중원소들은 그 후에 만들어졌는데, 특히 초신성 폭발의 역할은 매우 중요하다. 중원소들은 어떤 과정으로 만들어지는지, 그 과정의 이름을 쓰시오.

2) 위의 1) 과정에서는 두 개의 가벼운 원자핵의 에너지(질량)을 합친 양보다 작은 에너지(질량)를 가진 원자핵이 형성되는데, 그 나머지의 잉여 에너지(질량)는 빛(광자)으로 방출된다. 방출되는 빛(광자)의 에너지는 대략 얼마인지 전자볼트(eV)로 쓰시오.

3) 위 2)의 빛(광자)는 전자기 파장으로 볼 때 전파, 적외선, 가시광선, 자외선, X－선, 감마선 중에서 어디에 해당하는가?

4) 초신성 폭발로 만들어지는 고중력 천체(상대론적인 천체) 두 가지를 쓰시오.

5) 위의 4)의 천체들의 크기(지름)는 대략 얼마 이상인지 미터 단위(m)로 쓰시오.

16. 대물렌즈의 지름이 200 mm, 초점거리가 1,500 mm인 망원경 A와 대물렌즈의 지름이 150 mm, 초점거리가 2,000 mm인 망원경 B가 있다. 이 두 망원경 모두에 초점거리가 25 mm 접안렌즈를 이용하여 달을 관찰하면 달의 각지름 크기는 각각 얼마인가?

17. 50 cm 망원경을 사용하여 맨눈으로 가까스로 관찰한 희미한 별(G0 분광형,)을 10 cm 망원경을 이용하여 CCD 영상 사진을 찍고자 한다. 이 별은 추정등급은?

18. 우리 은하에서 관측되는 백억 년 나이를 갖는 구상성단과 수억 년 나이를 갖는 산개성단이 H－R도의 전향점에서 어떻게 달리 나타나는가?

19. 다음 그림은 천구상에서 화성이 별자리 사이를 이동하는 위치를 관찰하여 화살표로 나타낸 것이다. 다음 물음에 답하시오.

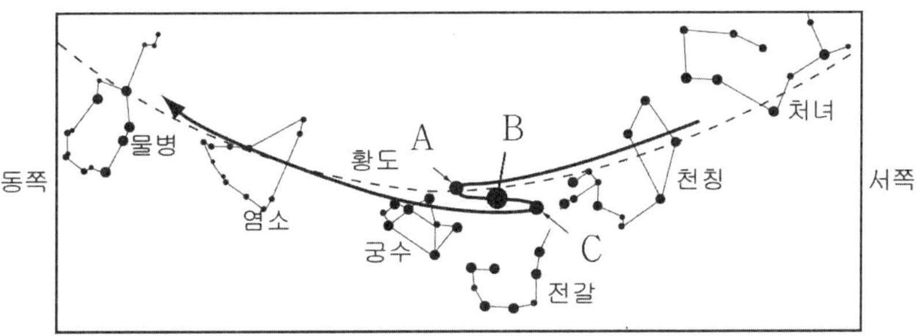

1) 화성이 A → B → C로 이동하는 현상을 무엇이라 하며, 그 이유는?

2) B의 화성을 관찰한 달은?

20. 어떤 별이 9월 1일 오후 8시에 위도(북위) 37°에 위치한 관측자의 천정에 있었다.

1) 12월 1일에 이 별이 천정에 오는 시간은 대략 오전 혹은 오후 몇 시인가?

2) 이 별의 적위는 얼마인가?

21. 분광형이 동일하고 겉보기 등급이 각각 1과 6인 두 별 A와 B가 있다. 별 B가 A보다 3배 크다면, A보다 몇 배 멀리 떨어져 있는가? (단, 별은 흑체복사를 방출한다고 가정한다.)

22. 구경 20 cm, 초점비 10인 망원경에 36 mm×24 mm 규격의 사진필름이 들어가는 구형 카메라를 장착하여 시직경이 30′인 보름달을 촬영하였다. 관측 후 필름을 현상해보니 윤곽이 뚜렷한 보름달 영상이 나타났다. 사진필름에 맺힌 달의 직경은 몇 mm인가? (단, 1라디안(radian)은 200,000″로 가정한다.)

23. 어느 항성 주위를 두 개의 행성이 원 궤도를 따라 동일 궤도면에서 공전하고 있다. 안쪽 행성의 궤도 반지름은 1 AU이다. 두 행성이 같은 방향으로 공전할 때와 서로 반대 방향으로 공전할 때 회합주기의 비가 9:7일 때, 두 행성의 최단 거리는 몇 AU인가?

정답 및 해설

1. b
2. b
3. e
4. 주극성의 개수: $1500(2-\sqrt{3}) \simeq 401.92 \simeq 402$개
   출몰성의 개수: $3000\sqrt{3} \simeq 5196.15 \simeq 5196$개
5. 적경: 22^h (또는 $330°$)
   적위: $-10°$
6. 1) ㉣ Altair
   2) ㉢ Barnard's star
   3) ㉣ Altair
   4) ㉠ Alpha Centauri
7. 겉보기 등급: 3.3
   절대 등급: 4.8
8. ㉠, ㉣, ㉧, ㉪
9. 1) $\frac{1}{8}M_{\odot} = 0.125M_{\odot}$
   2) $P = 2\sqrt{2}$년 $= 2.83$년
10. 1) 16
    2) 집광력: A<B, 시야: A=B, 상의 밝기: A<B
11. 4,000 km
12. 1) 2시 2) 12시 20분 3) 10시 40분
13. 1) 12시 40분 2) 하현 3) 보름
14. 1) 우주의 (가속) 팽창
    2) 제 Ia형 초신성 (또는 백색왜성-보통의 별의 이중성 또는 백색왜성-백색왜성 이중성)
    3) 초신성으로 폭발하기 전의 백색왜성들은 거의 비슷한 질량(약 <1.4 태양질량)을 가지고 있으므로 폭발할 때의 에너지(빛의 양, 또는 광도)가 거의 비슷하기 때문이다.
15. 1) 핵융합
    2) ~수 MeV(~10^6 eV)
    3) 감마선

4) 중성자 별, 블랙홀

5) 약 10,000 m

16. 망원경 A = 30도, 망원경 B = 40도

17. 16등급

18. 구상성단의 전향점이 산개성단의 전향점보다 주계열 상단에 위치한다.

19. 1) 역행, 지구의 공전이 화성의 공전보다 빠르기 때문이다.

2) 6월

20. 1) 오후 2시, 2) 37도

21. 30배

22. 18 mm

23. 0.75 AU